Jana Kreutzjans

Fusarium-Toxine in Mais

AF154024

Jana Kreutzjans

Fusarium-Toxine in Mais

Bedeutung von Pilzbefall der Gattung Fusarium in Mais

Reihe Realwissenschaften

Impressum / Imprint

Bibliografische Information der Deutschen Nationalbibliothek: Die Deutsche Nationalbibliothek verzeichnet diese Publikation in der Deutschen Nationalbibliografie; detaillierte bibliografische Daten sind im Internet über http://dnb.d-nb.de abrufbar.

Alle in diesem Buch genannten Marken und Produktnamen unterliegen warenzeichen-, marken- oder patentrechtlichem Schutz bzw. sind Warenzeichen oder eingetragene Warenzeichen der jeweiligen Inhaber. Die Wiedergabe von Marken, Produktnamen, Gebrauchsnamen, Handelsnamen, Warenbezeichnungen u.s.w. in diesem Werk berechtigt auch ohne besondere Kennzeichnung nicht zu der Annahme, dass solche Namen im Sinne der Warenzeichen- und Markenschutzgesetzgebung als frei zu betrachten wären und daher von jedermann benutzt werden dürften.

Bibliographic information published by the Deutsche Nationalbibliothek: The Deutsche Nationalbibliothek lists this publication in the Deutsche Nationalbibliografie; detailed bibliographic data are available in the Internet at http://dnb.d-nb.de.

Any brand names and product names mentioned in this book are subject to trademark, brand or patent protection and are trademarks or registered trademarks of their respective holders. The use of brand names, product names, common names, trade names, product descriptions etc. even without a particular marking in this work is in no way to be construed to mean that such names may be regarded as unrestricted in respect of trademark and brand protection legislation and could thus be used by anyone.

Coverbild / Cover image: www.ingimage.com

Verlag / Publisher:
AV Akademikerverlag
ist ein Imprint der / is a trademark of
OmniScriptum GmbH & Co. KG
Heinrich-Böcking-Str. 6-8, 66121 Saarbrücken, Deutschland / Germany
Email: info@akademikerverlag.de

Herstellung: siehe letzte Seite /
Printed at: see last page
ISBN: 978-3-639-84425-2

Meinen Eltern.

Inhaltsverzeichnis

Abkürzungsverzeichnis

°C	Grad Celsius
%	Prozent
‰	Promille
µg	Mikrogramm
µg/kg	Mikrogramm pro Kilogramm
A_W	Wasseraktivität
3-AcDON	3-Acetyldeoxynivalenol
15-AcDON	15-Acetyldeoxynivalenol
BSA	Bundessortenamt
Bt	Bacillus thuringiensis
C	Kohlenstoff
cm	Zentimeter
DON	Deoxynivalenol
ECB	European corn borer
EC	phänologisches Entwicklungsstadium
EG	Europäische Gemeinschaft
et al.	et alii (und andere)
EU	Europäische Union

F.	Fusarium
FB_1	Fumonisin B_1
FB_2	Fumonisin B_2
h	hour, Stunde
ha	Hektar
kg	Kilogramm
KGW	Körpergewicht
MON	Moniliform
mm	Millimeter
NIV	Nivalenol
PCR	Polymerase Chain Reaction
SCOOP	Scientific Cooperation
spp.	species, Arten
TDI	tolerable daily intake
z.B.	zum Beispiel
ZON	Zearalenon

Abbildungsverzeichnis

Tabellenverzeichnis

1 Einleitung

Der Mais zählt neben Weizen und Reis weltweit zu den wichtigsten Nahrungspflanzen. Dies zeigt sich in der stetigen Zunahme der Anbaufläche. So wurden 2010 weltweit etwa 160 Millionen ha Körnermais angebaut. 2012 hingegen waren es bereits 175 Millionen ha (DMK 2014). In der EU (EU-27) liegt die Anbaufläche von Körnermais bei rund 8,1 Millionen ha (DMK 2014). Silomais hingegen spielt mit 5,1 Millionen ha eine untergeordnete Rolle. Hiervon decken Deutschland und Frankreich bis zu 60% der Fläche ab. In Deutschland ist in Regionen mit hohem Viehveredelungsanteil auch ein hoher Anteil Mais in der Fruchtfolge zu verzeichnen. Dieses ist zum Beispiel in Teilen von Niedersachsen, Nordrhein-Westfalen, Bayern und Schleswig-Holstein zu beobachten (DMK 2014). Neben der Nutzung des Maises zur menschlichen Ernährung, sowie zur Fütterung von Nutztieren fließt aber auch die energetische und stoffliche Nutzung zur Energieerzeugung in Biogasanlagen mit ein (LÜTKE ENTRUP et al. 2011). Der Maisanbau für alle eben genannten Zwecke beträgt in Deutschland 2010 2,3 Millionen ha, was 19,5 % der gesamten Ackerfläche entspricht. 550.000 ha werden hiervon für den Anbau von Biogasanlagen verwendet (LÜTKE ENTRUP et al. 2011). Dies lässt sich auf das „Erneuerbare Energien Gesetz (EEG)" zurückführen, welches von 2000 bis 2010 einen Anstieg der Anlagen von 1040 auf 5905 zur Folge hatte (LÜTKE ENTRUP et al. 2011). Bisher gilt der Mais im Bezug auf die quantitative Anwendung von Pflanzenschutzmittel mit einem Behandlungsindex von 1,9 als behandlungsärmste Kultur. Vergleichsweise lagen die Werte für Winterweizen 2012 bei 5,2 und bei Kartoffeln bei 12,2 (JULIS KÜHN-INSTITUT 2014). Allerdings erhöht die Steigerung der Anbaufläche des Maises und der Fruchtfolgerotation das Infektionspotenzial von Schaderregern der Gattung *Fusarium* (BIRR 2013). Ein

Fusarium-Befall kann nicht nur zu quantitativen Einbußen durch Ernte-
verluste führen, sondern zusätzlich sind Auswirkungen auf die Qualität
durch mögliche sekundäre Stoffwechselprodukte, sogenannte Mykotoxine, von großer Bedeutung, da der Verzehr von betroffenem Pflanzenmaterial große gesundheitliche Schädigungen für Mensch und Tier nach
sich zieht (PLACINTA et al. 1999). Während sich die Pflanzenschutzan-
wendungen im Mais bisher zumeist auf Herbizide belaufen haben, erhiel-
ten im Jahr 2014 erstmals zwei Fungizide eine Zulassung für die Ver-
wendung gegen Blattdürre an Mais (*Setosphaeria turcica*) (BVL 2014).
Die weit verbreiteten *Fusarien* finden sich in gemäßigten Klimazonen
Amerikas, Europas, sowie auch Asiens. Weltweit sind mindestens 25 %
der gesamten Nahrungspflanzen mit Mykotoxinen kontaminiert (FAO
2008). Seit 2006 gilt die von der Europäischen Union festgelegte Verordnung (EG) Nr. 1881/2006 zur Festsetzung der Mykotoxin-
Höchstmengen in Lebensmittel, welche zum Ziel hat, durch gute Land-
wirtschaftspraxis das Vorkommen von Kontaminanten, wie Mykotoxinen,
auf ein Mindestmaß zu reduzieren und somit die Gesundheit der Ver-
braucher zu schützen (EUROPA 2010). In der vorliegenden Arbeit soll
das Vorkommen, die Biologie und Bedeutung der *Fusarien*-Toxin bilden-
den Pilze der Gattung *Fusarium* erläutert werden. Außerdem geht es um
Einflussfaktoren, die die Bildung der Pilze fördern und mögliche Gegenmaßnahmen um eine Infektion zu vermeiden.

2 Mykotoxine und *Fusarium*-Arten in Mais

Der Name Mykotoxin setzt sich aus dem griechischen Wort „mykes" für Pilz und dem lateinischen Wort „toxicum" zusammen, was so viel wie Gift bedeutet (EMAN 2013). Bei Mykotoxinen handelt es sich um natürliche sekundäre Stoffwechselprodukte niederer Schimmelpilze (BERGER und RAPP 2012). Das heißt die Produktion der Mykotoxine dient nicht wie der Primärstoffwechsel dem Überleben und Wachstum des Organismus, sondern wird in Folge eines „verschwenderischen" Metabolismus produziert (HOFF et al. 2009). Was bedeutet, dass für die Produktion optimale Wachstumsbedingungen, in Bezug auf Temperatur, pH-Wert und Wasseraktivität etc. erforderlich sind. Da der genaue Nutzen, den der Pilz selbst aus dem Sekundärmetabolismus zieht, noch nicht sicher geklärt ist, vermutet man, dass diese dem Pilz unter bestimmten Bedingungen Vorteile erbringen können, wie z.B. von Pilzen gebildetes Antibiotika, welches Bakterien abtötet (HOFF et al. 2009). Desweiteren unterstellt man den Sekundärmetaboliten eine Signalfunktion zur Steuerung von biologischen Funktionen. Charakteristisch für sie ist neben einem geringen Molekulargewicht eine hohe chemische Komplexität. Die gebildeten Sekundärmetaboliten sind spezifisch für die Art, den Stamm und die Gattung des Produzenten (HOFF et al. 2009). Die sekundären Stoffwechselprodukte lassen sich vier verschiedene Gruppen zuordnen:

- die Polyketide und Fettsäurederivate
- die nicht-ribosomalen Peptide
- die Isoprenoide
- die Alkaloide

Grund für die Einteilung sind hauptsächlich die Vorstufen des Primärmetabolismus aus denen die sekundären Metaboliten gebildet werden wie in Abbildung 1 zu erkennen ist.

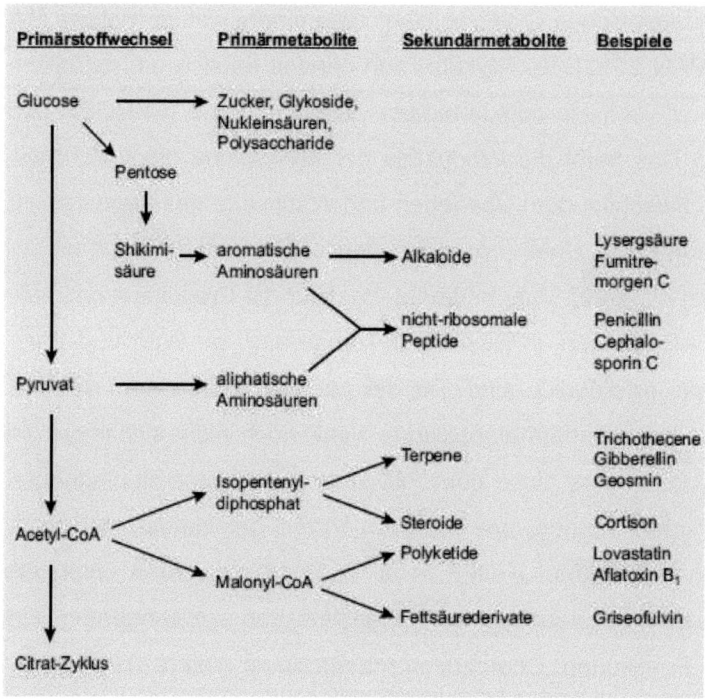

Abbildung 1: Prozess des primären und sekundären Stoffwechsels von Pilzen (REISS 1986 verändert nach HOFF et al. 2009)

Ihr Auftreten z.B. in verschiedenen Getreidearten wird durch unterschiedliche Faktoren, wie relativ hohe Wintertemperaturen, dicke Schneedecken, häufiges Frieren und Tauen beeinflusst. Aber auch verhältnismäßig hohe Niederschlagsmengen im Mai und Juli haben in Versuchen gezeigt, dass ein Zusammenhang besteht (REISS 1986). Von den heute 400 bekannten Mykotoxinen sind allerdings nur wenige aufgrund ihres Vorkommens in Nahrungs- und Futtermitteln von Bedeutung.

Ihre chemische Struktur und ihre Wirkung sind unterschiedlich. Durch ihre Hitzebeständigkeit werden sie bei der Weiterverarbeitung, beim Kochen und Backen, nicht zerstört. (BARTELS und RODEMANN 2003). Mit Mykotoxinen belastete Futter- und Nahrungsmittel wirken bereits in sehr geringen Mengen toxisch für Mensch und Tier und verursachen erhebliche gesundheitliche Schäden (BERGER und RAPP 2012).

Bereits im Mittelalter traten erstmals epidemieartige Vergiftungserscheinungen bei Menschen auf. Der Auslöser hierfür war die Belastung des Roggens mit Ergotalkaloiden, erzeugt durch den Pilz *Claviceps purpurea*. Dieses Ereignis ist heute als „St. Antoniusfeuer" bekannt und wurde auch als „Kribbelkrankheit" bezeichnet (MÜCKE und LEMMEN 1999). In Russland trat zwischen dem 1. und 2. Weltkrieg die sogenannte Alimentäre Toxische Aleukie auf. Hierbei handelt es sich um eine Blutkrankheit (KORMANN et al. 1990). In den Jahren 1944-1945 erkrankten im Gebiet Orenburg, an der russischen Grenze zu Kasachstan, etwa 10 % der Bevölkerung. Grund hierfür war die späte Ernte des Getreides. Es überwinterte und wurde im Frühjahr geerntet. So kam es im April und Juni zu Ausbruchsspitzen der Erkrankungen, als das Getreide verzehrt wurde. Erst 1968 stellte sich heraus, dass die aufgetretenen Symptome durch das Mykotoxin T-2 verursacht wurden (DESJARDINS 2006). Ein weiterer Fall aus Großbritannien veranschaulicht, dass Mykotoxine ebenfalls in der Tierernährung eine große Rolle spielen. So führte hier im Jahre 1960 eine Kontamination mit Aflatoxin, des im Futter enthaltenen Erdnussmehls, zur Verendung von 100.000 Truthühnern. (EMAN 2013). Die bis dahin unbekannte Krankheit, genannt „turkey X disease", veranlasste erstmals zu einer intensiven Forschung über die Gefahr, die von Sekundärmetaboliten der Schimmelpilze ausgeht (REISS 1986). Auch heute noch sind weltweit schätzungsweise 25 % der gesamten Nahrungspflanzen mit Mykotoxinen belastet (FAO 2008). Un-

ter den belasteten Nahrungspflanzen können jedoch nicht nur Körner-
früchte wie Mais und Getreide, sondern desweiteren auch Schalenfrüch-
te, wie Erdnüsse, Kaffee, Mohn, Pistazien und Sesam sein (HALLMANN
et al. 2007).

Die Scientific Cooperation –kurz SCOOP- hat 2003 einen Bericht über
das Vorkommen von *Fusarium*-Toxinen in Lebensmitteln und eine Bewertung ihrer ernährungsbedingten Aufnahme durch die Bevölkerung
von 12 EU-Mitgliedstaaten veröffentlicht. Die nachfolgende Tabelle 1
zeigt ausgewählte Mykotoxine zusammen mit der spezifischen tolerier-
baren Tagesaufnahme (TDI) in µg/kg Körpergewicht (KGW) pro Tag.
(SCIENTIFIC COOPERATION 2003).

**Tabelle 1: Durchschnittliche tolerierbare Tagesaufnahme einiger Mykotoxine in µg/kg
Körpergewicht (KGW) pro Tag (verändert nach SCIENTIFIC COOPERATION 2003)**

Mykotoxin	TDI µg/kg KGW und Tag
Deoxynivalenol	1
Nivalenol*	0,7
T-2 + HT-2 Toxin *	0,06
Zearalenon*	0,2
Fumonisin B_1 + B_2	2

* vorläufiger TDI

Phytopathologisch relevante Pilze lassen sich je nach dem, wann sie in
der Produktionskette auftreten, in Feld- und Lagerpilze einteilen (MEIER
2003). Zu den Lagerpilzen, die sich typischerweise in Futtermitteln
nachweisen lassen gehören *Scopulariopsis, Trichoderma, Paecilomyces,
Wallemia, Mucor, Absidia, Rhizoptus, Monascus* und Hefen, sowie
Penicillium und *Aspergillus* (siehe Abbildung 2) (LFL 2013). Die letzteren
beiden sind von besonderer Bedeutung, da einige Arten dieser Gattung

12

zu den toxinbildenden Lagerpilzen gehören (MEIER 2003). Bei den in frisch geernteten Futtermitteln nachgewiesenen Feldpilzen handelt es sich um die Gattungen *Alternaria, Cladosporium, Drechslera, Fusarium, Stemphylium, Ulocladium, Aureobasidium, Epicoccum, Acremonium, Verticillium, Stachybotrys, Botrytis, Trichothecium* (LFL 2013). Hierbei kommt den Gattungen *Claviceps, Alternaria* und *Fusarium* aufgrund ihrer Toxinbildung besonders große Bedeutung zu (MEIER 2003).

1809 erstmals von Johann H.F. Link beschrieben, gewinnt die Gattung *Fusarium* in der landwirtschaftlichen Produktion immer mehr an Bedeutung (DESJARDINS 2006). Hierdurch sind nicht nur Qualitäts- und Quantitätseinbußen bei Nahrungs- und Futtermitteln zu beobachten, sondern auch eine Kontamination des Ernteguts mit Mykotoxinen (MEIER 2003). Diese während des Wachstums der Pilze gebildeten Stoffwechselprodukte sind für Warmblüter und ebenfalls für den Menschen giftig (MEIER 2003).

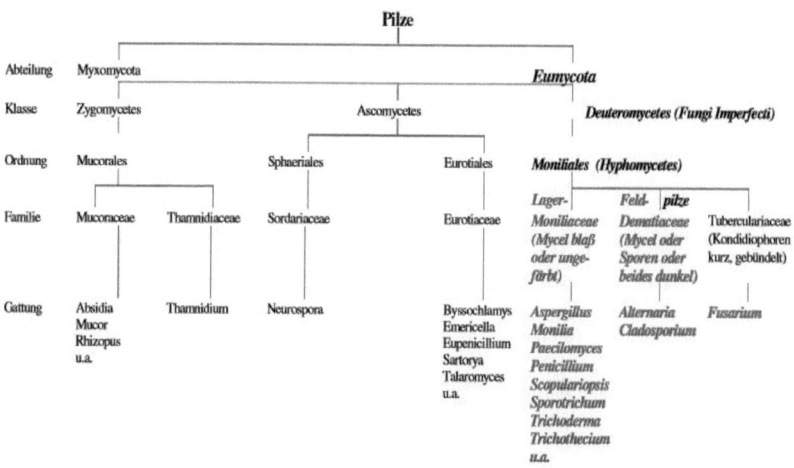

Abbildung 2: Einordnung wichtiger Pilzgattungen. Rot=Feldpilze; Grün=Lagerpilze (REISS 1986, verändert nach LFL 2013)

Eine Kontamination der Kulturpflanzen oder der Ernteprodukte lässt sich in drei verschiedene Arten unterteilen. Zum einen gibt es die Primärkontamination, bei der die Kontamination direkt auf dem Feld durch Feldpilze erfolgt. Zum anderen erst in der Lagerung der Ernteprodukte, z.b. bei unsachgemäßer Lagerung, durch Lagerpilze. Die Sekundärkontamination tritt an bereits verarbeiteten Lebensmitteln auf und verursacht eine meist sichtbare Schimmelbildung (BARTELS und RODEMANN 2003). Desweiteren gibt es das sogenannte „carry over". Werden mykotoxinbelastete Pflanzen an Tiere verfüttert, können sie sich unverändert oder metabolisiert im Gewebe der Tiere einlagern oder ausgeschieden werden. So kann es sein, dass tierische Lebensmittel, wie Eier, Fleisch und Käse einer Belastung mit Mykotoxinen unterliegen, obwohl das Produkt weder selbst verschimmelt ist, noch sonst irgendeine optisch erkennbare Veränderung aufweist (BERGER und RAPP 2012).

Die durch *Fusarium* verursachten Mykotoxine lassen sich in drei Haupt-
klassen einteilen. Hierzu zählen Trichothecene, sowie Zearalenone und
Fumonisine. Diese Mykotoxine haben einen erheblichen Einfluss auf die
Gesundheit von Mensch und Tier (DESJARDINS 2006). Jahrzehntelan-
ge Forschungen haben gezeigt, dass diese drei Hauptgruppen aufgrund
ihrer Toxizität und weltweiten Ausbreitung in Nahrungs- und Futtermitteln
eine besondere Rolle spielen (DESJARDINS 2006).

Trichothecene

Die Trichothecene wurden erstmals 1949 von dem Pilz *Trichothecium*
roseum isoliert, was maßgeblich für ihre Namensgebung war
(DESJARDINS 2006). Für die Einordnung ist es ausschlaggebend, ob es
sich um makrozyklische oder nicht-makrozyklische Trichothecene handelt (BALTIS und MATISSEK 2011). Die makrozyklischen Trichothecene
weisen eine höhere Komplexität auf. Sie werden unter anderem von den
Gattungen *Stachybotrys* und *Trichothecium* gebildet (DESJARDINS
2006). Da für die nachfolgende Arbeit nur die makrozyklischen von Bedeutung sind, werden nur diese im weiteren Verlauf besprochen. Das
Grundgerüst der Trichothecene kennzeichnet ein tetrazyklisches 12-
Epoxy-trichothec-9-en-Ringsystem (REISS 1986). Das heißt, das
Grundgerüst besteht aus drei Isoprenresten mit insgesamt 15 Kohlen-
stoffatomen (EBERMANN und ELMADFA 2011). In Abbildung 3 und 4
lässt sich die kennzeichnende Doppelbindung zwischen dem C9- und
C10-Atom erkennen, sowie ein 12,13-Epoxidring (DESJARDINS 2006).
Dieses dreigliedrige, ringförmige Epoxid besteht aus zwei Kohlenstoff-
und einem Sauerstoffatom und gilt als leicht spaltbar und sehr reaktions-
freudig gegenüber polaren Gruppen. Seine Eigenschaften machen ihn
für die hohe zytotoxische Aktivität verantwortlich (EBERMANN und

ELMADFA 2011). Desweiteren sind an den C3, C4, C7, C8 und C15 Veresterungen oder die Anreicherung von Sauerstoff zu verzeichnen (DESJARDINS 2006). In Abbildung 1 ist zu sehen, dass die Trichothecene als trizyklische Sesquiterpene der Gruppe der Terpene zuzuordnen sind und aus Acetyl-CoA des Primärstoffwechsels gebildet werden.

Sie lassen sich je nach funktioneller Gruppe am C8-Atom in zwei Typen aufteilen. Zu dem Trichothecene A-Typ zählen das T2-Toxin (T2) und seine Derivate HT-2 Toxin, T2 triol, T2 tetraol, welche auch wie das Neosolaniol (NEO) von F. sporotrichioides, sowie F. poae und F.acuminatum gebildet werden(LOGRIECO et al.2003). Desweiteren zählen zum Typ-A Diacetoxyscirpenol (DAS) und Monoacetoxyscirpenol (MAS). Diese Toxine werden von den Arten F. poae, F. equiseti, F. sambucinum und F. sporotrichioides gebildet (LOGRIECO et al. 2003). Das T2 besitzt wie in Abbildung 3 zu sehen ist eine veresterte Hydroxylgruppe am C8-Atom. Im Gegensatz dazu ist am C8-Atom des DAS keine Sauerstoffverbindung (DESJARDINS 2006). Die HT-2 Toxine werden unter Abspaltung der Acetylgruppe am C4-Atom aus dem T2-Toxin gebildet. Die toxikologische Wirkung ist der des T2 sehr ähnlich (BALTIS und MATISSEK 2011).

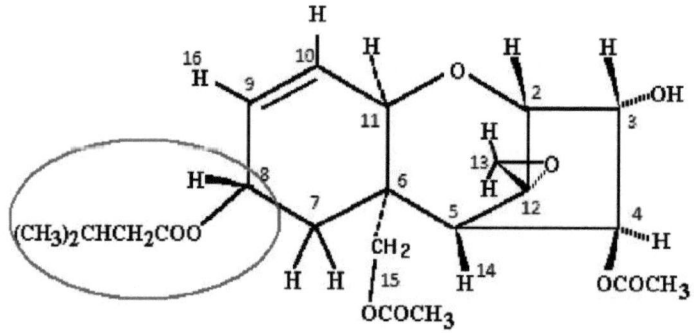

Abbildung 3: Das T2-Toxin als Beispiel für Typ A-Trichothecene mit einer veresterten Hydroxylgruppe am C8-Atom (verändert nach ENGELHARDT 2004)

16

Die Typ-B Trichothecene charakterisieren sich durch eine Carbonylgruppe am C8-Atom (LOGRIECO et al. 2003). Zu ihnen gehören das Deoxynivalenol (DON) (siehe Abbildung 4) mit seinen Derivaten 3-Acetyl-DON und 15-Acetyl-DON (3,15-AcDON), die von *F. graminearum* und *F. culmorum* gebildet werden. Nivalenol (NIV) und Fusarenon X und ihre Derivate werden von *F. cerealis*, *F. poae*, *F. graminearum* und *F. culmorum* gebildet (LOGRIECO et al. 2003).

Trichothecene können eine große Bandbreite an Vergiftungserscheinungen hervorrufen (LOGRIECO et al. 2003). Als Eintrittspfade kommen sowohl die Lunge, der Gastrointestinaltrakt, als auch die Haut in Frage. Nach der Umwandlung in toxische Metaboliten gelangen sie in die Zellen und hemmen dort die ribosomale Proteinbiosynthese (MÜCKE und LEMMEN 1999). Das T2 Toxin zeigt unter den verschiedenen Trichothecenen mit Abstand die giftigste Wirkung. Während eine T2- Intoxikation vergleichbare Symptome wie eine Strahlenexposition aufweist, zeigen die Trichothecene allgemein eine Vielzahl von Symptomen. Dazu gehören eine verringerte Nahrungs- und Wasseraufnahme, Erbrechen und Durchfall, Entzündungen und Nekrosen von Haut und Schleimhäuten, Störungen der Bewegungskoordination, Hämaturie, schwere Leukopenie, Degeneration von Nervenzellen und Herzmuskelzellen (MÜCKE und LEMMEN 1999). Zusammenfassend lässt sich sagen, dass die toxische Wirkung dieser Sekundärmetaboliten eingestuft wird in dermatotoxisch, neurotoxisch, hämorrhagisch, teratogen und immunsuppressiv (MÜCKE und LEMMEN 1999).

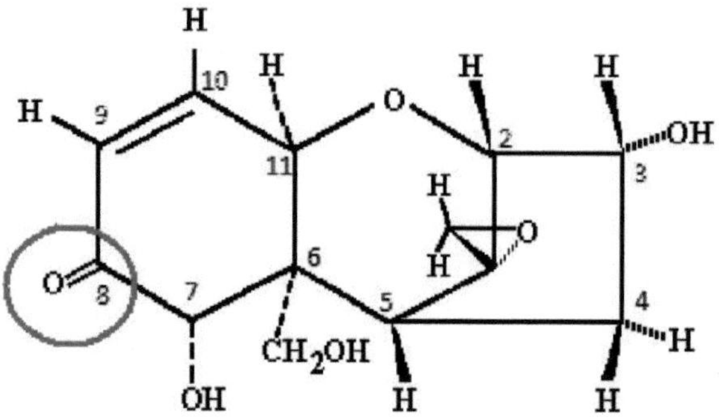

Abbildung 4: Das Toxin Deoxynivalenol mit einer für die B-Trichothecene charakteristschen Ketogruppe am C8-Atom (verändert nach ENGELHARDT 2004)

Zearalenon

Zearalenon (ZON) wurde erstmals 1966 von der Art Giberella zeae isoliert (DESJARDINS 2006). Dies in Kombination mit der englischen Bezeichnung für seine chemische Struktur Resorcylsäurelakton „resorcyclic acid lacton" verhalf dem Zearalenon zu seinem Namen (DESJARDINS 2006). Produziert wird es von F. graminearum, F. culmorum, F. cerealis, F. equiseti, F. semitectum (LOGRIECO et al. 2003). Zearalenon zählt in der Landwirtschaft mit zu den am weitesten verbreiteten Fusarium-Toxinen. Es tritt oft in relativ hohen Konzentrationen auf, besonders im Mais (LOGRIECO et al. 2003). In kühl-gemäßigten Regionen herrschen optimale Bedingungen für die Bildung von Zearalenonen verschiedener Fusarium-Arten (REISS 1986). Die Zearalenone gelten als nicht akut toxisch (DESJARDINS 2006). Sie gehören nicht zu den Steroiden allerdings bindet es an Östrogenrezeptoren des Uterus, Hypothalamus und der Hypophyse (MÜCKE und LEMMEN 1999). Ihre uterotrophe und östrogene Wirkung ist unter anderem verantwortlich für Fruchtbarkeitsstörungen bei Nutztieren, besonders beim Schwein (LOGRIECO et al.

18

2003). Das liegt daran, dass Zearalenon und seine Derivate eine unterschiedliche Bindungsaffinität an den Östrogenrezeptoren aufweisen. Die Leber des Schweins wandelt aufgenommenes Zearalenon in das Alpha-Zearalenon um, welches die stärkste Bindungsaffinität aufweist (LEITNER et al. 2001). So kommt es zu tierartspezifischen Unterschieden. Es hat sich in Fütterungsversuchen gezeigt, dass die Aufnahme bereits kleinster Mengen über einen längeren Zeitraum Fruchtbarkeitsstörungen bei Sauen auslöst (LEITNER et al. 2001). Durch die Östrogenwirkung werden bei adoleszenten Tieren Symptome wie Hyperöstrogenismus, Uterushypertrophie, Entzündungen im Genitalbereich und Fertilitätsstörungen hervorgerufen. In Versuchen mit Ratten und Schweinen hat sich ebenfalls eine teratogene Wirkung gezeigt, bei der auffallend die Störung der Neubildung von Knochen ist (MÜCKE und LEMMEN 1999). Neben Unfruchtbarkeit verzeichnet man bei Rind und Geflügel Leistungseinbußen (LOGRIECO et al. 2003).

Zearalenon ist ein Lacton einer alkylierten Resorcinsäure (Abbildung 5). Es ist in Wasser unlöslich jedoch in Alkohol löslich (EBERMANN und ELMADFA 2011).

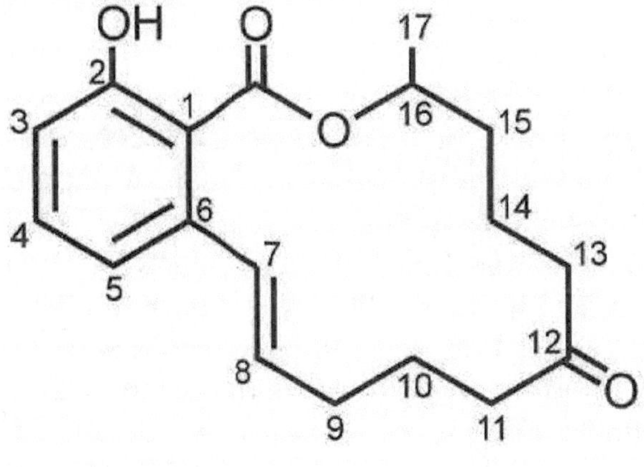

Abbildung 5: Grundstruktur von Zearalenon (ZEA) (DESJARDINS 2006)

Fumonisine

Fumonisine sind ebenfalls nach einem Pilz benannt aus dem sie zuerst isoliert wurden. *F. moniliforme* welcher nun umbenannt ist in *F. verticilliodes*. Bis heute wurde sie ausschließlich auf Fusariumarten isoliert (DESJARDINS 2006). Wie in Abbildung 6 zu sehen ist, handelt es sich bei den Fumonisinen um relativ einfache langkettige Alkohole (DESJARDINS 2006). Fumonisine treten vorwiegend im Mais auf. Weiterhin wurden verschiedene Fumonisine entdeckt von denen B_1, B_2 und B_3 natürlicherweise in bedeutenden Mengen vorkommen (BROCKMEYER und THIELERT 2001). Diese drei bilden die Mehrheit der Fumonisine, welche in Getreideproben gefunden wurden, die mit *F. verticillioides*, *F. proliferatum* und anderen Fumonisin-produzierenden Pilzen infiziert waren (DESJARDINS 2006). Die Fumonisine gehören zu den Polyketiden. Diese bilden die größte Gruppe der Sekundärmetaboliten (siehe Abbildung 1) (HOFF et al. 2009).

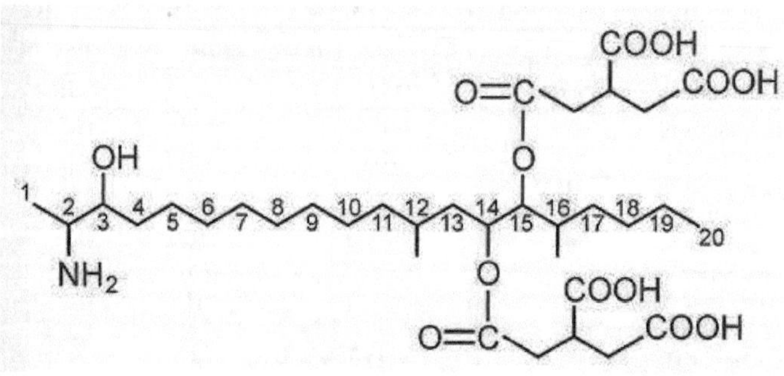

Abbildung 6: Grundstruktur von Fumonisin (DESJARDINS 2006)

Mit Fumonisin B_1 (FB_1) und Fumonisin B_2 (FB_2) kontaminierte Futtermittel bergen ein besonders großes Risiko. Sie verursachen bei Pferden eine Leukoencephalopathie (ELEM) (LOGRIECO et al. 2003). Diese neurologische Erkrankung verläuft häufig tödlich (MÜCKE und LEMMEN 1999).

20

Bei Schweinen führt FB_1 zu Lungenödemen, bei Geflügel zu Leistungseinbußen und bei Rindern zu Veränderungen der Leber und der Immunfunktion. Sie werden als kanzerogen für Tiere eingestuft und sind dies möglicherweise auch für den Menschen. Heimischer Mais, der mit FB_1 kontaminiert war, wurde in Teilen Afrikas, Chinas und den USA mit einem vermehrten Auftreten von Ösophaguskrebs in Verbindung gebracht (LOGRIECO et al. 2003). Versuche mit FB_1 haben gezeigt, dass es sich hierbei um ein Nierengift handelt und sich bei allen getesteten Tieren als hepatotoxisch erweist. Eine Verfütterung an Ratten hatte Leberkrebs, Zirrhosen und chronische interstitielle Nephritis (Nierenerkrankung) zur Folge (MÜCKE und LEMMEN 1999).

Die Biosynthese der Sphingolipide wird durch Fumonisine gehemmt, da diese als Inhibitoren fungieren. Dies ist vermutlich auf die strukturelle Ähnlichkeit von Fumonisinen und Sphinganin zurückzuführen (DESJARDINS 2006). Die Wirkung der Fumonisine auf den Sphingolipidmetabolismus hat einen negativen Einfluss die Vorgänge in den verschiedenen Zellen, wie das Zellwachstum, die Zelldifferenzierung und die Apoptose. Durch diese Eigenschaft wird das Toxin Fumonisin als kanzerogen eingestuft (MÜCKE und LEMMEN 1999).

Fusarium-Arten in Mais

Tabelle 2 zeigt die verschiedenen *Fusarium*-Arten, die im Mais und anderen Getreidearten auftreten, in Verbindung mit den von ihnen produzierten Toxinen. *Fusarium*-Arten, die mit einem roten Pfeil markiert sind, treten auch im Mais auf.

Tabelle 2: In Mais und Getreide auftretende *Fusarium*-Arten und ihre gebildeten Mykotoxine (COOKE 2003 verändert nach ÖHLINGER et al. 2004)

Fusarium species[a]	Mycotoxins[b]
F. acuminatum	**T2, MON,** HT2, DAS, MAS, NEO, BEA
F. anthophilum	**BEA**
F. avenaceum ⇐	**MON, EN, BEA**
F. cerealis (F. crookwellense) ⇐	**NIV, FUS, ZEA,** ZOH
F. chlamydosporum	**MON**
F. culmorum ⇐	**DON, ZEA,** NIV, FUS, ZOH, AcDON
F. equiseti ⇐	**ZEA, ZOH,** MAS, DAS, NIV, DAcNIV, FUS, FUC, BEA
F. graminearum ⇐	**DON, ZEA, NIV, FUS,** AcDON, DAcDON, DAcNIV
F. heterosporum	**ZEA,** ZOH.
F. nygamai	**FB₁, BEA,** FB₂
F. oxysporum ⇐	**MON, EN,** BEA
F. poae ⇐	**DAS, NIV, FUS,** MAS, T2, HT2, NEO, BEA
F. proliferatum ⇐	**FB₁, BEA, MON, FUP,** FB₂
F. sambucinum	**DAS,** T2, NEO, MAS, BEA
F. semitectum	**BEA**
F. sporotrichioides ⇐	**T2, HT2, NEO,** MAS, DAS
F. subglutinans ⇐	**BEA, MON,** FUP
F. tricinctum ⇐	**MON,** BEA
F. verticillioides (F. moniliforme) ⇐	**FB₁,** FB₂, FB₃

[a]AcDON = mono-acetyldeoxynivalenols (3-AcDON, 15-AcDON); AcNIV = mono-acetylnivalenol (15-AcNIV); BEA = beauvericin; DiAcDON = di-acetyldeoxynivalenol (3,15-AcDON); DAcNIV = diacetylnivalenol (4,15-AcNIV); DAS = diacetoxyscirpenol; DON = deoxynivalenol (Vomitoxin); EN = enniatins; FB₁ = fumonisin B₁; FB₂ = fumonisin B₂; FB₃ = fumonisin B₃; FUP = fusaproliferin; FUS = fusarenone-X (−4-Acetyl-NIV); FUC = fusarochromanone; HT2 = HT-2 toxin; MAS = monoacetoxyscirpenol; MON = moniliformin; NEO = neosolaniol; NIV = nivalenol; T2 = T-2 toxin; ZEA = zearalenone; ZOH = zearalenols (α and β isomers).
[b]Bold letters indicate the main mycotoxin produced.

3 Infektionszyklus und Biologie von *Fusarium spp.* in Mais

Wie in Kapitel 2 bereits erwähnt, handelt es sich bei Mykotoxinen um se-kundäre Stoffwechselprodukte von Schimmelpilzen. Der Primärmetabo-lismus von Pilzen hat zum Ziel das Überleben durch die Bereitstellung

der dafür nötigen Stoffe sicherzustellen und das Wachstum des Organismus zu gewährleisten. Hier-für werden Komplexe Moleküle wie Koh-lenhydrate, Proteine und Fette abgebaut. Hinzu zählen eben-falls das Hyphenwachstum, sowie auch die Ver-mehrung. (HOFF et al. 2009) In Abbil-dung 2 ist zu sehen,

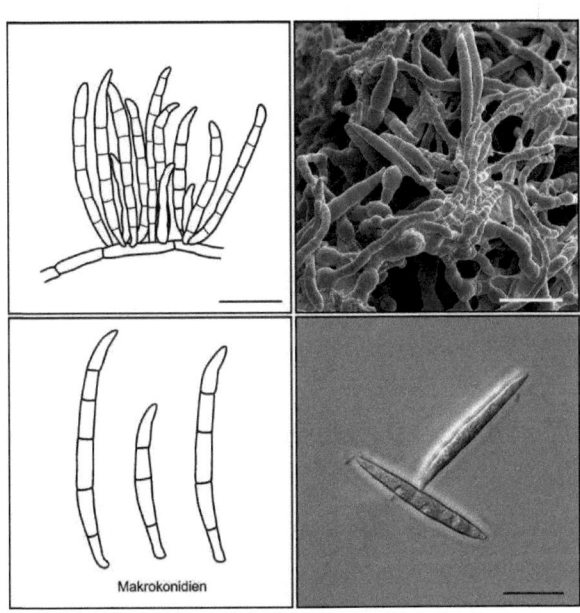

Abbildung 7: Morphologie der Sporangienträger von *Fusrium graminearum* (HOFF et al. 2009)

dass die Gattung *Fusarium* in Form-Klasse der Deuteromycetes (Fungi Imperfecti) fällt. Es handelt sich hierbei um Pilze mit fehlender oder noch nicht entdeckter sexueller Vermehrungsphase. Heute werden sie auf-grund entdeckter Teleomorph-Verbindungen oder molekularer Daten zumeist der Klasse der *Ascomyceten* zugerechnet (HALLMANN et al. 2007). Die *Ascomyceten* gehören zum Stamm der *Ascomycota* (Schlauchpilze) und bilden die größte Gruppe der Pilze (HALLMANN et al. 2007). Die Teleomorphen werden auch unter der Gattung Gibberella geführt (HOFF et al. 2009). Von den Fusariumarten, die im Getreide und Mais auftreten (Abbildung 7), besitzen *F. avenaceum*, *F. equiseti*, *F. graminearum*, *F. subglutinans*, *F. tricinctum*, sowie *F. verticillioides* ein Sexualstadium (LESLIE und SUMMERELL 2006).

Fusariumarten treten an Pflanzen parasitär auf und können zu Fusariosen führen (HOFF et al. 2009). Charakteristisch für sie ist ein schnelles Wachstum, sowie blass oder kräftig braun-rote Färbungen des Myzels und die Ausbildung von sichel- oder spindelförmigen Konidiosporen, wie in Abbildung 7 zu sehen ist. Insgesamt werden von diesem ubiquitären Pilz 142 Arten beschrieben (HOFF et al. 2009). Im Maisanbau werden die Arten *F. graminearum* und *F. culmorum* unter der Bedingung der mitteleuropäischen Klimaregion als die wichtigsten Schaderreger angesehen (OLDENBURG et al. 2006). So wird nachfolgend als Leitart *F. graminearum* beschrieben.

F. graminearum ist die anamorphe Form des sich sexuell vermehrenden Pilzes *Gibberella zeae*. Er ist durch seine ubiquitäre Ausbreitung auf allen Kontinenten zu finden. Typisch ist sein schnelles Wachstum. Innerhalb von vier Tagen bei einer Temperatur von 25 °C erreichen die Kolonien einen Durchmesser von 9 cm (HOFF et al., 2009). 25 °C wird als die optimale Wachstumstemperatur für *F. graminearum* angesehen. Der pH-Wert liegt zwischen 5 und 8 in einem tolerablen Bereich (HOFF et al. 2009).

Wie die meisten Fusariumarten besitzt der Pilz *F. graminearum* einen vollständigen Entwicklungszyklus mit einer Haupt- und einer Nebenfruchtform. Hierbei werden sowohl sexuelle Sporen, die Askosporen gebildet, als auch die Konidien als ungeschlechtliche Form (SCHLÜTER und KROPF 2010). Die nachfolgende Abbildung 8 zeigt den Lebenszyklus von *F. graminearum* mit Weizen als Wirtpflanze. Er ist jedoch genauso auf andere Getreidearten und Mais übertragbar.

Im Frühjahr kommt es bei Temperaturen über 10 °C zu einer Keimung der Konidien. Besonders auf Pflanzenresten, wie Maisstoppeln bildet sich die Hauptfruchtform aus, in Form von kleinen kugelförmigen Perithezien (BÜTTNER 2013). Allerdings kann die Infektion auch von infiziertem Saatgut ausgehen (BARTELS und RODEMANN 2004). Forschungen haben gezeigt, dass die Entwicklung der Perithezien bei einer großen Breite an Temperaturen möglich ist. Jedoch liegt die optimale Temperatur bei 28 °C (MUNKVOLD 2003). Die Bildung kann unter günstigen Bedingungen, wie optimale Temperaturen, Lichtintensität, Luftfeuchtigkeit und Niederschlag über die gesamte Vegetationsperiode erfolgen (BIRR 2013). In den Perithezien werden jeweils acht schlauchförmigen Askosporen in den Keimschläuchen (Asci) gebildet (BARTELS und RODEMANN 2004). In der Abtrocknungsphase nach dem Aufquellen werden die Askosporen mit hohem Druck aus den Perithezien geschleudert, wodurch sie weite Distanzen zurücklegen können (SCHLÜTER und KROPF 2010). Laut BARTELS und RODEMANN (2004) geschieht dies bei Temperaturen über 18-20 °C und einer relativen Luftfeuchte von 80 %.

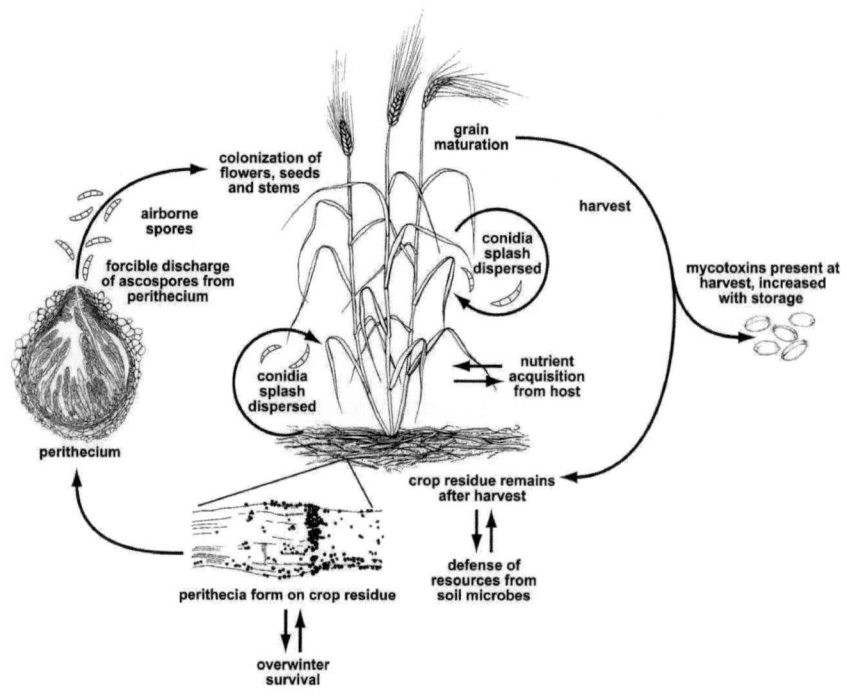

Abbildung 8: Schematische Darstellung des Entwicklungszyklus von *F. graminearum* am Beispiel Weizen (TRAIL 2009)

Laut MUNKVOLD (2003) liegt die optimale Temperatur für die Freiset-
zung der Askosporen um die 16 °C und erfolgt vorzugsweise in der
Nacht (MUNKVOLD 2003). Die ungeschlechtliche Form, die Konidien,
können von allen Fusariumarten gebildet werden und bilden sich nach
der Infektion der Wirtspflanze durch die Askosporen und einer fortge-
schrittenen Besiedelung und Ausbreitung des Myzels (SCHLÜTER und
KROPF 2010). Diese können jedoch lediglich kurze Strecken, z.B. über
Regentropfen zurücklegen (SCHLÜTER und KROPF 2006). Eine Verbreitung durch Wind ist aufgrund ihres hohen Gewichts kaum möglich
(BARTELS und RODEMANN 2004). Hierdurch erfolgt die Sekundärinfek-
tion der Wirtspflanzen. Eine Überwinterung der Pilze erfolgt entweder

saprophytisch an den Ernterückständen, wie z.B. an Mais- und Getreide-stoppeln, Wurzeln etc. oder durch die Bildung von Chlamydosporen. So können sie mehrere Vegetationsperioden überdauern (SCHLÜTER und KROPF 2006). Fusariosen sind vorwiegend in Bodenfraktionen mit vielen organischen Rückständen zu finden und stellen somit eine wichtige Infektionsquelle dar. Das heißt eine verringerte Bodenbearbeitung steigert die Menge des Inokulums. (ADOLF 1998). Dies gilt besonders für Pflanzenreste, die unbedeckt auf dem Boden verbleiben oder sich in der obersten Bodenschicht befinden (BARTELS und RODEMANN 2004).

Im Vergleich zum feucht-warmen Wetter liebenden *F. graminearum* bevorzugt der Pilz *F. culmorum* eher feucht-kühle Temperaturen (SCHLÜTER und KROPF 2006). Ein weiterer Unterschied ist, dass bislang noch keine Form der geschlechtlichen Fortpflanzung durch Askosporen entdeckt wurde (SCHLÜTER und KROPF 2006). Durch seine Bildung von Konidiosporen kann der Pilz auf unverrotteten Pflanzenrückständen, die auf dem Boden liegen geblieben sind bis zum Früher überleben (SCHLÜTER und KROPF 2006). Regenspritzer führen dann zu einer Infektion an den unteren Blättern. Dadurch ist davon auszugehen, dass eine Fusariose kaum durch eine Windverbreitung erfolgt, als eher in Folge einer Fruchtfolgekrankheit (SCHLÜTER und KROPF 2006).

3.1 Schadbild und Ausbreitung innerhalb der Pflanze

Durch Pilze der Gattung *Fusarium* kann die Maispflanze sowohl an Auflaufkrankheiten, Wurzel- und Stängelfäule, als auch Kolbenfäule erkranken (HURLE et al. 2005). Die Infektion erfolgt bodenbürtig und unterliegt den verschiedenen Bedingungen des Standortes, wie z.B. den Klimabedingungen und dem Infek-

27

tionsdruck (OLDENBURG et al. 2006). Die Wurzel- und Stängelfäule wird neben einigen anderen Gattungen von *Fusarium* verursacht. Hauptsächlich sind im mitteleuropäischem Raum daran *F. culmorum*, *F. oxisporum* und *F. subglutinans* beteiligt, sowie auch *F. graminearum* und *F. equiseti*, die vorwiegend als Auslöser der Stängelfäule gelten (HURLE et al. 2005). Die Überwinterung der Pilze auf dem Boden, Pflanzenresten und dem Saatgut ermöglicht im Frühjahr den Eintritt über die Wurzeln bis in den Stängel. Allerdings sind für *Fusarium*-Arten, die ebenfalls das Potential besitzen sich über den Wind zu verbreiten auch eine Infektion über die Knoten möglich. Hinzu kommen äußerliche Verletzungen der Pflanze –ausgelöst z.B. durch Hagel, Maiszünsler etc. – die eine natürlich Eintrittspforte bieten (HURLE et al. 2005). Auschlaggebend über den Befall einzelner Organe ist der Entwicklungszustand der Pflanze (OLDENBURG et al. 2006). Während der Ausbildung der Kolben verlagern sich die Kohlenhydrate aus dem Gewebe in den Kolben und führen dazu, dass in dieser Phase eine besondere Anfälligkeit für die Stängelfäule

Abbildung 9: Bildung von bräunlichen bis schwarzen Flecken an der Halmbasis aufgrund von Stängelfäule (HURLE et al. 2005)

besteht (HURLE et al. 2005). Nach und nach wird der Befall durch verschiedene Symptome sichtbar. Anfangs zeigen sich bräunliche bis schwarze Flecken an den Wurzeln und der Stängelbasis (Abbildung 9), die sich immer weiter verstärken, bis sie letztendlich ineinander übergehen und das gesamte Wurzelwerk schädigen (HURLE et

28

al. 2005). Die fahlgrüne Färbung einzelner Pflanzen tritt gemeinsam mit einer verfrühten

Vertrocknung der Blätter auf. In Abbildung 10 ist zu sehen wie ein für die Stängelfäule charakteristisches, rosarotes Pilzmyzel das Mark des Stängels durchzieht (HURLE et al. 2005). Durch die Beeinträchtigung des Stützgewebes kommt es zu einer verringerten Standfestigkeit (OLDENBURG et al. 2006). Der Mais hat dadurch eine höhere Lagerneigung, und kann bereits bei leichteren Stürmen, Niederschlägen und Hagel abknicken. Die Kolbenfäule hat durch die verringerte Anzahl von Körner/Kolben Verluste zur Folge, die bei frühem Befall bei bis zu 50 % liegen können (HURLE et al. 2005).

Die Gattung Fusarium zählt unter den Pilzen zu den häufigsten Erregern der Kolbenfäule. Fusariumarten verursachen an den Kolben zwei unterschiedliche Krankheiten, welche aber beide eine Kontamination mit Mykotoxinen zur Folge haben können. Jedoch unterscheiden sie sich deutlich in Bezug auf die für sie geeigneten Temperaturen. Zum einen gibt es die *Fusarium* ear rot –oder auch pink ear rot genannt-, deren primärer Erreger *F. verticillioides* ist. Desweiteren spielen aber auch *F. subglutinans* und *F.*

Abbildung 10: Rosarot gefärbtes Pilzmyzel im Mark des Stängels aufgrund von Stängelfäule (BIRR 2013)

proliferatum eine wichtige Rolle (MUNKVOLD 2003). Zum anderen tritt Gibberella ear rot –auch red ear rot genannt- auf. *Gibberella* ear rot wird hauptsächlich durch *F. graminearum* verursacht allerdings spielt insbesondere in Europa auch *F. culmorum* eine große Rolle (MUNKVOLD 2003). Hierbei beginnt in der Regel die Bildung von einem rosa bis rotem Myzel an der Spitze des Kolbens und breitet sich dann, wie in Abbildung 11 zu sehen, immer weiter abwärts über den Kolben aus (MUNKVOLD 2003). In der Regel sind die Lieschen unter denen sich das Myzel befindet verklebt, wie in Abbildung 12 zu sehen ist (HURLE et al. 2005). Eine Infektion ist dann meist erst nach einem starken Befall zu erkennen,

Abbildung 12: Fortgeschrittene Kolbenfäule: Bildung des Myzels beginnend an der Spitze des Kolbens (HURLE et al. 2005)

Abbildung 11: Kolbenfäule durch Befall von *F. graminearum* mit verklebten Lieschen (HURLE et al. 2005)

da die Lieschblätter den Kolben und somit das Myzel erst bedecken (OLDENBURG et al. 2006). *Gibberella* ear rot ist vornehmlich in kühleren Regionen zu finden und bevorzugt höhere Niederschlagsmengen während der Vegetationsperiode. Primär erfolgt die Infektion der Maiskörner mit *F. graminearum* über die Narbenfäden. Diese sind in den ersten sechs Tagen nach ihrer Entstehung besonders anfällig. Anschließend allerdings kaum noch. Hierbei erfolgt die Infektion entweder durch Spritzwasser, Streuung durch den Wind oder über Insekten, die als Vektor fungieren. Letztere infizieren die verletzten Körner, spielen jedoch im Vergleich zu der Infektion über die Narbenhaare eine untergeordnete Rolle (MUNKVOLD 2003). Mit einem Auftreten der Krankheit ist zu jeder Zeit zu rechnen, da die Pilze nicht nur in der Lage sind parasitär sondern auch saprophytisch auf Saatgut und Pflanzenresten zu überwintern. Das

Schadbild kann entweder sofort oder auch nach einer gewissen Latenzzeit erfolgen, wenn günstigere Bedingungen geboten sind, wie kühle und niederschlagsreiche Witterung im Spätsommer und Herbst. (HURLE et al. 2005).

Fusarium ear rot breitet sich, wie in Abbildung 13 zu sehen ist, typischerweise eher wahllos an einzelnen Körnern aus und an Körnern, die bereits eine Verletzung aufweisen. Charakteristisch ist weißes bis rosafarbendes Myzel

Abbildung 13: Ausbreitung der Kolbenfäule über einzelne Körner (HURLE et al. 2005)

(MUNKVOLD 2003). *Fusarium* ear rot bevorzugt im Gegensatz zu *Gibberella* ear rot wärmere und trockenere Gebiete, besonders in der Zeit, während der Kornfüllungsphase. Das ist auf die unterschiedlichen Vorzüge der verschiedenen Erreger zurückzuführen. Für *F. graminearum* liegt die Optimaltemperatur bei 24-26 °C und bei dem *Fusarium* ear rot verursachendem *F. verticillioides* liegt diese bei etwa 28 °C (MUNKVOLD 2003). Die klimatischen Bedingungen haben einen großen Einfluss auf das Wachstum und Überleben der Pilze der Gattung *Fusarium* und somit auch auf die Schwere des Krankheitsverlaufes (DOOHAN et al. 2003). Alle Verletzungen, die einen Zugang durch die

31

Lieschen des Maises begünstigen, wie z.b. durch den Maiszünsler, Vögel, die die Lieschen aufhacken oder Frühfröste begünstigen auch eine Infektion der Pflanze. Mit Sporen infiziertes Regenwasser kann so ungehindert bis an die Kolbenbasis eindringen und ermöglicht dem Pilz hier einen optimalen Raum für die Keimung und weitere Entwicklung (HURLE et al. 2005).

An Maispflanzen die mit *Fusarium* ear rot, zu dessen Haupterreger *F. verticillioides* zählt, infiziert sind, ist ein zunehmendes Auftreten von dem Mykotoxin Fumonisin B1 zu beobachten (LOGRIECO et al. 2002). Bei *Gibberella* ear rot, verursacht durch *F. graminearum* lässt sich neben anderen Mykotoxinen häufig Zearalenon und Deoxynivalenon erfassen (LOGRIECO et al. 2002). Ein mehrjähriger Versuch über den Fusariumbefall von Maispflanzen in Zusammenhang mit der Verteilung von Deoxynivalenon in den verschiedenen Pflanzenorganen hat gezeigt, dass das Deoxynivalenon sich in den Organen der Pflanze anreichert, in denen sich auch der Pilz entwickelt (OLDENBURG et al. 2006). So ließ sich die höchste Belastung in den unbefruchteten Kolbenanlagen direkt unterhalb des Hauptkolbens verzeichnen. Weiterhin stark belastet waren die Blattscheiden und Blattspreiten. Außerdem ergab sich eine Abnahme der Mykotoxinkonzentration innerhalb der Pflanze in Richtung Boden (OLDENBURG et al. 2006). Der Grund hierfür ist, der Übertragungsweg der Pilzsporen. Werden sie über Wind und Regenspritzer auf die Blätter befördert, so können sie abwärts zur Blattachse geschwemmt werden. Die Blattscheiden entwickeln sich während des Wachstums der weiblichen Blüte, wobei sie sich lockern und den Eintritt der Sporen in die Kolbenanlage begünstigen (OLDENBURG et al. 2006). Die unbefruchteten und somit absterbenden Kolbenanlagen bieten durch den dauerhaft feuchten Raum zwischen Stängel und Blattscheide ideale Bedingungen für die Entwicklung und weitere Ausbreitung des Pilzmyzels über be-

32

nachbarte Blattscheiden und Stängelknoten in weitere Stängelabschnit-
te. Zusätzlich wird vermutet, dass der während der Blüte in den Blattach-
sen vorhandene Pollen den Pilzsporen als Nahrungsquelle in der Zeit
der Auskeimung dient (OLDENBURG et al. 2006). Ein weiterer Versuch
in dem die Kolben zur Vollblüte mit *F. culmorum*-Sporen infiziert wurden,
zeigte, dass sich die Infektion im Kolben von der Spitze basipetal durch
die Spindel ausbreiten und dann auf umliegende Körner übergreift
(OLDENBURG und ELLNER 2011). Erste Symptome zeigten sich hier
vier Wochen nach der Infektion durch Verbräunungen an der Kolbenspit-
ze. Einige Wochen später zeigte sich eine Aufhellung der Körner an der
Spitze des Kolbens. Ebenfalls war hier teilweise weißes Myzel erkenn-
bar. In nachfolgenden Probenahmen ließen sich dann Verfärbungen der
Spindelteile erkennen (OLDENBURG und ELLNER 2011).

4 Vorkommen von *Fusarium spp.* und Mykotoxinen

Wie bereits in Kapitel 3 erwähnt, unterscheiden sich die Ansprüche an
die Umweltbedingungen von *Fusarium spp.* in Bezug auf Temperatur,
Licht, Niederschlag usw. Neben Faktoren wie internationalem Handel mit
Ernteprodukten, der maßgeblich zur Ausbreitung beiträgt, haben die verschiedenen Klimabedingungen in den verschiedenen Ländern einen Einfluss auf die Verteilung und das Vorkommen der verschiedenen toxi-
schen Pilze (LOGRIECO und VISCONTI 2004).

4.1 Vorkommen in Deutschland

Zur Risikoabschätzung von *Fusarium*-Toxinen bei der Futtermittelerzeugung in Deutschland wurde in den Jahren 1995 und 1996 an insgesamt

fünf Standorten in Niedersachsen, Nordrhein-Westfalen, Sachsen-Anhalt und Bayern Proben gezogen, um die Kontamination sowohl im Körner- als auch im Silomais einzuschätzen (OLDENBURG et al. 2000). Als Ergebnis ist in der folgenden Tabelle 3 das Vorkommen der Mykotoxine in Silomais und ihre Konzentration, sowie die Häufigkeit ihres Auftretens in den beiden Jahren zu sehen. Außerdem erfolgte eine weitere Gliederung der Pflanze in Kolben und Restpflanze (OLDENBURG et al. 2000).

Tabelle 3: Beprobung von 20 Silomaissorten an fünf Standorten in Deutschland auf Mykotoxine in den Jahren 1995-1996 (verändert nach OLDENBURG et al. 2000)

| Art der Proben | Probenanzahl | | Mykotoxin | Konzentration (mg/kg TM) | | Jahr der | Literatur |
	Gesamt	% positiv		Mittelwert (pos. Pr.)	Bereich	Probenahme	
Silomais[1]							
Restpflanze	298	98	Zearalenon	0,39	0,005 - 2,97	1995	Oldenburg et al.,
	30	60	α-Zearalenol	0,02	0,010 - 0,03		1996
		90	β-Zearalenol	0,03	0,013 - 0,08		
	60	90	Nivalenol	1,44	0,34 - 3,35		
		92	Deoxynivalenol	1,13	0,12 - 3,51		
Kolben	170	8	Zearalenon	0,05	0,009 - 0,17		
Silomais[1]							
Restpflanze	299	76	Zearalenon	0,06	0,006 - 0,82	1996	Oldenburg, 1997b
	58	100	Deoxynivalenol	4,07	0,73 - 12,39		
Kolben	100	16	Zearalenon	0,03	0,007 - 0,10		

1) 20 Sorten (konventionell und „stay green")

Für die Erprobung wurden insgesamt 20 verschiedene Sorten verwendet. Hierbei handelte es sich sowohl um konventionelle, als auch um sogenannte „stay green" Sorten, die durch eine langsamere Abreife der Blätter eine Erhöhung des Energiewertes der Restpflanze begünstigen sollen. (OLDENBURG et al. 2000). Am häufigsten traten bei dieser Untersuchung Deoxynivalenol, Nivalenol und Zearalenon in den Restpflanzen auf. Die Kolben waren im Vergleich zur Restpflanze seltener und in geringeren Konzentrationen belastet (OLDENBURG et al. 2000).

34

Tabelle 4: Auftreten von *Fusarium*-Toxinen in Körnermais (verändert nach OLDEN-BURG et al. 2000)

Art der Proben	Probenanzahl		Mykotoxin	Konzentration (mg/kg TM)		Jahr der Probenahme	Literatur
	Gesamt	% positiv		Mittelwert (pos. Pr.)	Bereich		
Körnermais [1]	10	80	Deoxynivalenol	0,55	max. 0,91	Wahrsch.	Usleber et al., 1998
		80	Zearalenon	0,06	max. 0,09	1996/1997	
		80	Fumonisin B₁	0,53	max. 2,60		
Körnermais [2]							
Praxis	109	25	Fumonisin ΣB₁,B₂,B₃	ca. 0,3	0,006 – 1,52	1994	Meister und
Sortenversuche	208	28	Fumonisin ΣB₁,B₂,B₃	(alle Proben)	0,007 – 7,13		Symmank, 1996
Kolben [3]	85	95	Deoxynivalenol	0,73	max. 2,44	1996	Ellend et al., 1998
		70	Zearalenon	0,13	max. 0,75		
	98	44	Deoxynivalenol	0,40	max. 1,56	1997	
		12	Zearalenon	0,19	max. 0,90		
Kolben/ Körner-Mais [4]	21	67	Deoxynivalenol	1,74	max. 8,95	1998	Reutter, 1999
	21	95	Zearalenon	3,36	max. 26,00		

1) Proben für menschlichen Verzehr aus deutschem Handel; Herkunft unbekannt
2) Proben aus der landwirtschaftlichen Produktion und Landessortenversuchen, Deutschland
3) Proben bestimmt für die Schweinefütterung, Österreich
4) Proben aus Schleswig-Holstein, Deutschland

Die Tabelle 4 zeigt das Vorkommen und die Konzentration der Mykotoxine im Körnermais in mehreren Jahren. Festgestellt wurde im Körnermais ein häufiges Auftreten der *Fusarium*-Toxine Deoxynivalenol, Zearalenon und Fumonisin B₁ (OLDENBURG et al. 2000). Eine Erhöhung der Konzentration in den Körnern, im Vergleich zum Silomais, lässt sich durch die längere Verweildauer auf dem Feld zurück führen. Häufig erfolgt eine Anreicherung mit *Fusarium*-Toxinen in den letzten vier bis sechs Wochen vor dem Eintritt der Siloreife. Absterbende Pflanzenteile, besonders Stängel und Blätter unterliegen in dieser Zeit einem verstärkten *Fusarium*-Befall (OLDENBURG et al. 2000). In dem Jahr 1998 handelte es sich um ein so genanntes „*Fusarium*-Jahr", in dem es durch Witterungsbedingungen zu einem besonders starken Befall mit *Fusarium* kam (OLDENBURG et al. 2000).

GÖRTZ (2009) führte Untersuchungen über das Auftreten von *Fusarium*-Kolbenfäule in Mais in Deutschland durch. Hierbei wurde in einem zweijährigen Monitoring an insgesamt 84 Standorten (Abbildung 14) in ganz Deutschland eine Untersuchung über die aufgetretenen *Fusarium*-Arten und die Befallsintensität, sowie die damit einhergehende Belastung durch Mykotoxine zur Ernte (BBCH 89) beobachtet. Insgesamt zeigte das Ergebnis ein Auftreten von 13 verschiedenen *Fusarium*-Arten als Erreger der *Fusarium*-Kolbenfäule. Im Jahr 2006 erwiesen sich *F. verticillioides* (82 %), *F. graminearum* (72 %), *F. proliferatum* (64 %) und *F. equiseti* (57 %) als dominierende Arten (GÖRTZ 2009). Im Mittel lag in diesem Jahr der *Fusarium*-Befall bei 32,4 % und die maximale Befallshäufigkeit bei 99,7 %. Im Jahr 2007 hingegen, war der Befall mit *F. graminearum* dominierend und trat an 100 % der Standorte auf. Außerdem traten neben *F. graminearum* unter anderem auch *F. cerealis, F. subglutinans, F. avenaceum*. Insgesamt ergaben sich hier im Mittel ein Befall von 21,7 % und eine maximale Befallshäufigkeit von 64 % (GÖRTZ 2009). In beiden Jahren wurde ein häufiges Auftreten der Mykotoxine DON, 3- und 15- AcDON festgestellt. Ein Vorkommen von Fumonisinen wurde lediglich im Jahre 2006 erfasst. Zearalenon hingegen trat 2006 in 27 % und 2007 in 93 % der Kornproben auf. Zusätzlich wurde in beiden Jahren eine Kontamination mit Nivalenol (NIV), Moniliformin (MON), Beauvericin (BEA) und Enniatin B (EN) nachgewiesen. Kontaminationen mit Typ-A Trichothecenen, wie dem T2-Toxin und dem HT-2-Toxin waren selten (GÖRTZ 2009). Auch hier lässt sich das Dominieren der verschiedenen Arten unter anderem auf die unterschiedlichen Temperaturansprüche dieser zurückführen. Die Witterung hat somit Einfluss auf das Arten- und Mykotoxinspektrum im Bestand. Während *F. verticillioides* und *F. proliferatum* eine höhere Temperatur während der Blüte und Kornbildung bevorzugen bedarf es *F. graminearum* und *F.*

subglutinans an mäßigen Temperaturen. Beides geht mit einem Anstieg der Produktion der jeweiligen Mykotoxine einher (GÖRTZ 2009).

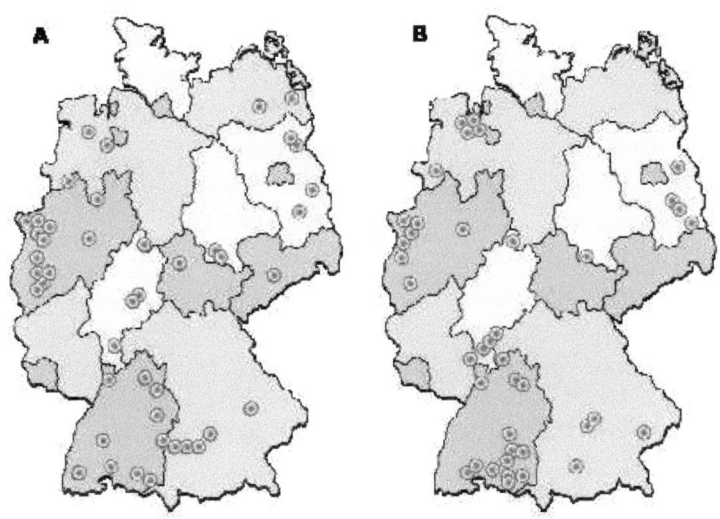

Abbildung 14: Beprobte Maisstandorte 2006 (A) und 2007 (B) (GÖRTZ 2009)

Bei einem weiteren Monitoring in Schleswig-Holstein und im nördlichen Teil Niedersachsens von Schlüter (2010) wurde von 2006 bis 2009 ebenfalls das Auftreten von *Fusarium spp.* ermittelt. Hier erfolgte die Probenahme jedoch nach der Ernte, indem von jeder Fläche zwischen 10 und 15 Maisstoppel gezogen wurden (SCHLÜTER und KROPF 2010). Weiterhin erfolgte eine PCR-Analyse (Polymerase Chain Reaction) auf *F. graminearum* und *F. culmorum* (SCHLÜTER und KROPF 2010). Die Ergebnisse zeigten, dass 2006 lediglich 10 % der Flächen mit Fusarium befallen waren. In den folgenden Jahren kam es zu einem Anstieg des Befalls. 2007 waren es bereits 30 %, 2008 und 2009 stieg der Befall auf bis zu 90 % an.

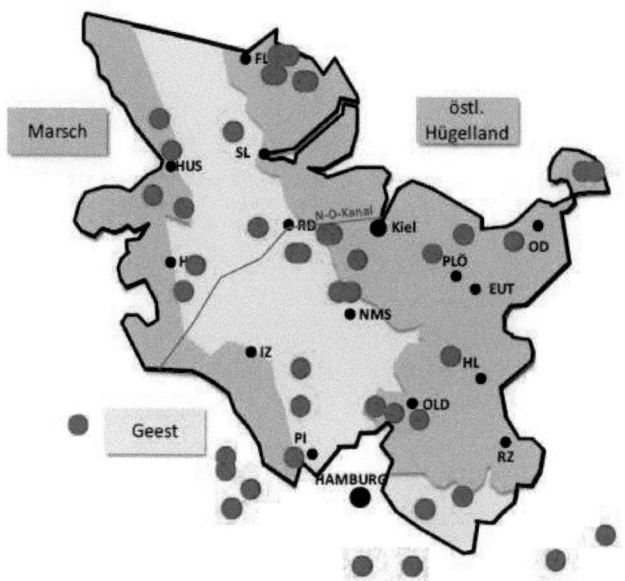

Abbildung 15: Beprobungsstandorte in Schleswig-Holstein und im nördlichen Niedersachsen von 2006-2009 (SCHLÜTER 2010)

Bestände waren 2009 mit nahezu gleichen Teilen der beiden *Fusarium*-Arten, *F. graminearum* und *F. culmorum* befallen (SCHLÜTER und KROPF 2010). Eine statistische Bewertung wies darauf hin, dass weder die Sorte, noch die Fruchtfolge, sondern lediglich die Witterungsbedingungen der Jahre einen signifikanten Einfluss auf diese Gegebenheiten hatten (SCHLÜTER und KROPF 2010).

In einem weiteren Monitoring in Schleswig Holstein von BIRR (2013) in den Jahren 2011 und 2012 wurden Häckselproben der Sorte Lorado von zehn Standorten auf 13 *Fusarium*-Arten überprüft. Über die gesamte Versuchszeit wurden insgesamt sieben verschiedene *Fusarium*-Arten nachgewiesen (BIRR 2013). Hierbei handelte es sich um die Arten *F.*

graminearum, F. culmorum, F. poae, F. avenaceum, F. tritinctum, F. langsethiae und *F. equiseti*. Abgesehen von *F. trinictum* und *F. langsethiae*, welche zu 94 % in den Beständen auftraten, kamen die andern zu 100 % vor (BIRR 2013). Das Jahr 2011 galt aufgrund der Niederschlagsmenge und -verteilung während der Blüte als befallsstärkeres Jahr. Die nachfolgende Abbildung 16 zeigt die Anteile der einzelnen *Fusarium*-Arten an der gesamten *Fusarium*-DNA, sowie die Befallsstärke in ‰ in Bezug auf die Pflanzen-DNA für beide Versuchsjahre (BIRR 2013).

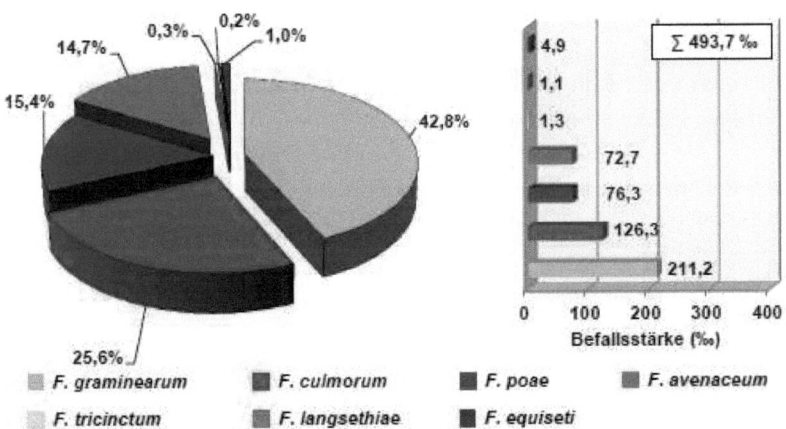

Abbildung 16: links: Anteil nachgewiesener *Fusarium*-Arten in % der gesamten *Fusarium*-DNA; rechts: Befallsstärke der *Fusarium*-Arten in Bezug auf die gesamte Pflanzen-DNA in ‰ in 2011 und 2012 in Silomais der Sorte Lorado Schleswig-Holstein (BIRR 2013)

Aus der Grafik wird ersichtlich, dass die Arten *F. graminearum* und *F. culmorum* mit 42,8 % und 25,6 % den weitaus größten Anteil an der gesamten *Fusarium*-DNA ausmachen. Zusammen sogar mehr als die Hälfte. In zusätzlichem Anbetracht der Befallsstärke von *F. graminearum*, die bei 211,2 ‰ der Pflanzen-DNA liegt, kann diese als bedeutendste Art im

39

Maisanbau in Schleswig Holstein gezählt werden (BIRR 2013). *F. avenaceum* und *F. poae* erreichen zusammen 30,1 % und sind mit einer Befallsstärke von über 70 ‰ ebenfalls von großer Bedeutung. Die Arten *F. trinictum*, *F. langsethiae* und *F. equiseti* traten zwar häufig auf, jedoch nur in sehr geringen Mengen (BIRR 2013).

4.2 Vorkommen in ausgewählten Ländern Europas

Fusarium spp. sind in allen gemäßigten und subtropischen Regionen ein weit verbreitetes Pathogen im Mais. Dazu zählen alle Maisanbaugebiete in ganz Europa. Die nachfolgende Tabelle 5 zeigt, die Verbreitung der verschiedenen Fusariumarten, die in Europa für die Kolbenfäule verantwortlich sind und die von ihnen produzierten Mykotoxine. Sie sind gegliedert nach der Häufigkeit ihres Auftretens in Nord- und Mitteleuropa, sowie in Südeuropa (LOGRIECO et al. 2002).

Tabelle 5: Häufigkeit der in Zusammenhang mit Kolbenfäule auftretenden *Fusarium*-Arten in Europa (Verweise siehe Tab. 1) (LOGRIECO et al. 2002)

Species[a]	Incidence		Mycotoxin found[b]
	North/Centre	South	
Red ear rot or Red fusariosis			
F. graminearum	+++	+	DON, AcDON, NIV, FUS, ZEN
F. subglutinans	++	±	MON, BEA, FUP
F. avenaceum	++	±	MON
F. cerealis	+	±	NIV, FUS, ZEN, ZOH
F. culmorum	+	−	DON, NIV, ZEN, ZOH
F. sporotrichioides	+	−	T2, HT2, NOS
F. poae	+	−	DAS, NIV
F. equiseti	+	±	DAS, ZEN, ZOH
F. acuminatum	+	±	T2, NEO
F. verticillioides	+	+	—
F. proliferatum	+	+	—
Pink ear rot or Pink fusariosis			
F. verticillioides	+	+++	FB$_1$, FB$_2$, FB$_3$
F. proliferatum	±	+++	FB$_1$, FB$_2$, FUP, MON, BEA
F. subglutinans	+++	+	MON, BEA, FUP
F. graminearum	+	±	—
F. culmorum	+	±	—
F. equiseti	+	±	—
F. solani	±	+	—
F. semitectum	±	+	—
F. cerealis	±	±	—
F. sporotrichioides	±	−	—
F. oxysporum	−	+	—

Besonders in Regionen die charakteristisch für häufige Niederschläge und niedrige Temperaturen während des späten Sommers und frühen Herbst sind, tritt vermehrt die so genannte red ear rot oder auch *Gibberella* ear rot auf. Die pink ear rot, oder *Fusarium* ear rot bevorzugt das trockenere und wärmere Klima der südlicheren Regionen (LOGRIECO et al. 2002). In den letzten zehn Jahren wurde *F. verticillioides* zusammen mit *F. subglutinans*, dicht gefolgt von *F. graminearum* am häufigsten beobachtet. Außerdem wurde beobachtet, dass sich *F. proliferatum* immer weiter von den südlicheren Maisanbaugebieten in die nördlicheren ausbreitet (LOGRIECO et al. 2002).

Umfassende Untersuchungen in Österreich, Slowenien, Jugoslawien, Polen, der Tschechischen Republik und Rumänien zeigen, dass *F. graminearum*, der hauptsächlich für die red ear rot verantwortlich ist, sich zunehmend von Mitteleuropa in nördlichere Gebiete Europas ausbreitet (LOGRIECO et al. 2002). In einigen österreichischen Gegenden überwiegt jedoch *F. subglutinans* gegenüber *F. graminearum*. Zusätzlich zu *F. graminearum* treten allerdings auch *F. culmorum* und *F.cerealis*, welche sich häufiger in Mitteleuropa finden, sowie *F. avenaceum* als Erreger der red ear rot in Mais auf. Diese eben genannten Arten wurden zu 90-95 % auf den mit red ear rot infizierten Maispflanzen isoliert (LOGRIECO et al. 2002). Desweiteren wurden aber auch die Arten *F. sporotrichioides*, *F. poae*, *F, equiseti*, *F. acuminatum* und in noch geringeren Mengen *F. verticillioides* und *F. proliferatum* isoliert, spielen aber eine untergeordnete Rolle (LOGRIECO et al. 2002).

Pink ear rot, oder auch *Fusarium* ear rot ist häufig in Süd- und Mitteleuropa vorzufinden. Am häufigsten wird hier *F. verticillioides* zusammen mit *F. subglutinans* isoliert. Aber auch *F. proliferatum*, welches allerdings vorwiegend im Süden Europas verbreitet ist. In Italien trat *F. proliferatum* zusammen mit *F.verticillioides* auf, wobei das Vorkommen von *F. verticillioides* in Österreich, Kroatien, der Slowakischen Republik, Ungarn und Polen selten verzeichnet wurde (LOGRIECO et al. 2002). Die in den 90er Jahren vorherrschenden warmen und trockenen Sommer hatten eine starke Verbreitung von *F. proliferatum* in Mitteleuropa zur Folge. Dies zeigte sich besonders in Österreich, wo die Gesamtzahl des Auftretens von *F. proliferatum*, welche in den 80er Jahren bei 1 % lag zum Ende der 90er Jahre auf 2-11 % anstieg (LOGRIECO et al. 2002). Besonders in Italien bieten die Klimabedingungen optimale Bedingungen für die pink ear rot. An nahezu 100 % der infizierten Kolben lässt sich *F. verticillioides* feststellen. Dieser tritt in den südlichen Regionen in 60 % der Fälle in Kombination mit *F. proliferatum* auf. Weiter in Richtung Mittel- und Nordeuropa sinkt jedoch der Anteil an *F. proliferatum* auf 54 % und 34 %. Neben diesen drei Haupterregern wurde in einem dreijähriger Versuch in Jugoslawien in geringeren Mengen auch *F. oxysporum*, *F.solani*, *F. equiseti*, *F. sporotrichioides*, *F. chlamydosporum*, *F. cerealis* und *F. semitectum* isoliert (LOGRIECO et al. 2002).

4.3 Vorkommen in den USA

Die USA zählen zu den führenden Anbau- und Exportländern für Mais. Die Produktion belief sich im Jahr 2012 auf 273,83 Millionen Tonnen (STATISTA 2014). Auf Rang zwei liegt China mit einem Anbau von 208,13 Millionen Tonnen. Der Exportanteil der USA lag 2011/2012 bei 41 %, gefolgt von Argentinien/Brasilien mit 28 % (STATISTA 2014). Den Fumonisin produzierenden *Fusarium verticillioides* und *Aspergillus flaveus* kommen im Süden der USA die größte Bedeutung zu. Im Jahre 1998 verursachten sie eine starke Kontamination des Maises mit Mykotoxinen (APPELL et al. 2009). Ausschlaggebend hierfür war die Witterung mit Trockenheit und hohen Temperaturen (APPELL et al., 2009). Über die Dauer von neun Jahren wurden im Süden der USA Kornproben gezogen. In diesen Jahren wurden in über 90 % aller Proben Fumonisin registriert (APPELL et al. 2009). Im Norden der USA zählen *F. verticilloides, F. proliferatum* und *F. subglutinans* zu den am häufigsten im Mais auftretenden Pilzen (MUNKVOLD und DESJARDINS 1997). Im mittleren Teil der USA korreliert der Befall von Insekten stark mit der Infektion durch *F. verticillioides* (*F. moniliforme*) in Mais. Abbildung 17 zeigt eine Verletzung des Kolbens durch Schadfraß und eine damit einhergehende Infektion mit *F. verticillioides*. Für *F. graminearum* ist der primäre Übertragungsweg hingegen über die Narbenfäden zu beobachten (MUNKVOLD 2003). Hauptsächlich handelt es sich hierbei um den Maiszünsler (*Ostrinia nubilialis*) oder auch „European corn borer" der eine Infektion mit Fusarium ear rot begünstigt (MUNKVOLD 2003). Zum einen bieten die Verletzungen Eintrittspforten für Sporen, zum anderen fungieren die Insekten als Vektoren. Aber auch andere Insekten, wie der Baumwollkapselborer (*Helicoverpa zea*), auch corn earworm genannt, der Westliche Maiswurzelbohrer (Corn rootworm), Kalifornische

Abbildung 17: Infektion mit *F. verticillioides* durch Insekten-Schadfraß (MUNKVOLD und DESJARDINS 1997)

Blütenthrips (*Frankliniella occidentalis*) und Glanzkäfer, übersetzt sap beetles werden mit einer Infektion von *F. verticillioides* in Verbindung gebracht (MUNKVOLD und DESJARDINS 1997).

5 Einflussfaktoren und Gegenmaßnahmen auf *Fusarium*-Befall und Mykotoxinbildung

In Abbildung 18 ist eine Vielzahl von Faktoren zu sehen, die einen Einfluss auf die Infektion der Pflanze mit *Fusarium spp.* haben. Diese sind zum einen abiotische Faktoren, die sich nicht beeinflussen lassen, wie die Witterungsbedingungen, Feuchtigkeit, Temperatur, Sonneneinstrahlung, Wind (OLDENBURG et al. 2011) Zum anderen aber auch anbautechnische oder pflanzenbauliche Maßnahmen, wie die Bodenbearbeitung, die Fruchtfolge, Sortenwahl und Pflanzenschutzmaßnahmen (OLDENBURG et al. 2000). Aber auch ein Befall von Fraßschädlingen begünstigt die Infektion der Pflanze mit *Fusarium spp.* (OLDENBURG et al. 2000).

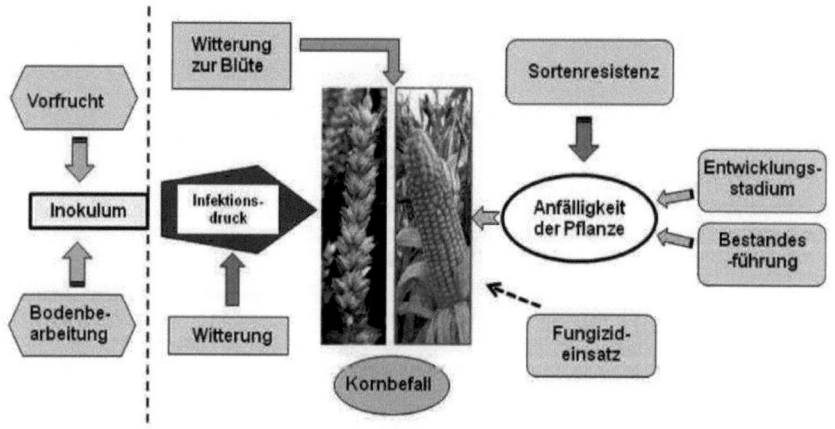

Abbildung 18: Einflussfaktoren auf den Befall von Getreide und Mais von *Fusarium spp.* (OLDENBURG et al. 2011)

Nicht nur jeder einzelne, sondern das Zusammenspiel der verschiedenen Faktoren beeinflusst das Risiko einer Infektion, sowie auch die In-
tensität der Befallsstärke und des Krankheitsverlaufs (OLDENBURG et
al. 2011). Vorab birgt der Boden das Potential für eine Infektion der
Pflanze. Sind hier bereits infizierte Pflanzenreste vorhanden, bilden diese das Ausgangsinokulum. Im weiteren Verlauf entscheidet dieses dann
im Zusammenhang mit der Witterung über die Höhe des Befallsrisikos
(OLDENBURG et al. 2011).

Da die Mykotoxinbelastungen von Pflanzen eine weltweite Problematik
darstellen, werden bereits in vielen Ländern, wie den USA, Kanada, Eng-
land, der Schweiz und auch Deutschland Prognose-Modelle angeboten
(SCHLÜTER und KROPF 2010). Diese bieten eine standortspezifische
Risikobewertung für den Befall mit *Fusarium spp.* unter Berücksichtigung
verschiedener Einflussfaktoren. Allerdings beziehen diese sich vornehmlich auf „*Fusarium* Head Blight" (FHB), welches im Weizen die partielle
Taubährigkeit auslöst (SCHLÜTER und KROPF 2010). In Deutschland
sind diese Prognose-Modelle auf der Internetseite der Bayrischen Landesanstalt für Landwirtschaft (LfL), sowie auf der Seite www.isip.de abrufbar. Auf www.isip.de werden zur Prognose von Mykotoxinen die Faktoren Sorte, Bodenbearbeitung, Geographische Lage, Vorfrucht, sowie
das Vorkommen von Regen, während der Blüte und ob eine Pflanzen-
schutzmaßnahme erfolgt ist, abgefragt (SCHLÜTER und KROPF 2010).

Die schlagspezifische Risikobeurteilung von Fusarien der LfL berück-
sichtigt abgesehen von der geographischen Lage und dem Vorkommen
von Niederschlag während der Blüte die gleichen Faktoren (LFL 2010).

45

5.1 Witterung und Klima

Die Witterung gehört zu den abiotischen Faktoren und lässt sich nicht beeinflussen (OLDENBURG et al. 2000). Dennoch hat sie durch die Temperatur, die Luftfeuchte, die Lichtintensität, sowie Wind (DOOHAN et al. 2003) den größten Einfluss auf das Infektionsgeschehen, da sie sowohl den Sporenflug und die Verbreitung beeinträchtigt, als auch das weitere Wachstum des Pilzes und somit auch die Mykotoxinbildung (BECHTEL und OBST 2013). Aber auch die Anfälligkeit der Wirtspflanze wird durch Faktoren wie die Temperatur und Trockenstress beeinflusst. Zudem spielt neben der Witterung das Klima in verschiedenen geografischen Regionen eine Rolle bei der Verteilung der mykotoxinbildenden *Fusarium*-Arten (DOOHAN et al. 2003).

In Tabelle 6 lassen sich die unterschiedlichen Temperaturoptima für die Produktion von Mykotoxinen der verschiedenen *Fusarium*-Arten erkennen. Zusätzlich sind die jeweiligen Mykotoxine aufgeführt, die von den Arten produziert werden. Es zeigt sich, dass die verschiedenen Arten auf den Substraten unterschiedliche Temperaturen und Luftfeuchtigkeit für die Produktion von Mykotoxinen bevorzugen. Die Zeit der Produktion variiert abhängig von der Spezies (DOOHAN et al. 2003).

Tabelle 6: Die Optimalen Temperaturbedingungen einiger *Fusarium*-Arten für die Bildung von Mykotoxinen (DOOHAN et al. 2003)

Toxin	Species	Substrates	Optimum production conditions[a]	References
Type A trichothecenes [T-2 toxin, HT-2 toxin, neosolaniol and diacetoxyscirpenol (DAS)]	F. sporotrichioides F. poae	Barley, oats, rice, wheat, maize	Moderately warm and humid (20–25 °C, $a_w = 0.990$)	Mateo et al. (2002), Miller (1994), Rabie et al. (1986)
Type B trichothecenes [deoxynivalenol (DON), 3-acetyl DON, 15-acetyl DON, nivalenol (NIV)]	F. graminearum F.culmorum	Barley, wheat, rice, maize	Warm and humid (25–28 °C, $a_w = 0.97$)	Greenhalgh et al. (1983), Lori et al. (1990), Beattie et al. (1998), Homdork et al. (2000)
ZEA	F. graminearum F. culmorum	Wheat, rice, maize	Warm (17–28 °C), or temperature cycles (e.g. 25–28 °C for 14–15 days; 12–15 °C for 20–28 days) and humid ($a_w = 0.97$ or 90% RH)	Jiménez et al. (1996), Lori et al. (1990), Ryu and Bullerman (1999), Homdork et al. (2000), Martins and Martins (2002)
Fumonisins	F. moniliforme F. proliferatum F. subglutinans	Maize	Cool to warm conditions and humid (15–30 °C, $a_w = 0.98$)	Cahagnier et al. (1995), Marin et al. (1999a,b)
Moniliformin	F. subglutinans F. moniliforme F. avenaceum	Wheat, rye, barley, oats, maize	Warm temperatures (25–30 °C)	Kostecki et al. (1999), Schütt (2001)

[a] Optimum temperature and humidity vary depending on substrate, species and isolate; typical conditions are given in parentheses. Time of production varies from 3 to 8 weeks.

Die Wasseraktivität A_W der Pilze definiert die Menge an Wasser, die der Pilz für seine Stoffwechselvorgänge benötigt. Die Aufnahme erfolgt osmotisch über die Hyphen (HOFF et al. 2009). REISS (1986) weist darauf hin, dass der Gehalt an verfügbarem Wasser des Substrates vornehmlich das Wachstum, aber auch direkt die Bildung von Mykotoxinen beeinflusst. Für die Bildung ist eine höhere Wasseraktivität erforderlich (REISS 1986).

Typ A-Trichothecene werden von *F. sporotrichioides* bevorzugt bei mäßigen Temperaturen und einem A_W von 0,990 produziert (DOOHAN et al. 2003). Die unter mitteleuropäischen Klimabedingungen bedeutendsten Mykotoxin-Produzenten *F. columorum* und *F. graminearum* (OLDENBURG et al. 2006) bevorzugen für die Bildung von Typ B- Trichothecene warme und feuchte Bedingungen bei einem Temperaturoptima von 25-28 °C und einem A_W von 0,97. Das Toxin Zearalenon wird von diesen beiden Arten ebenfalls unter warmen Bedingungen gebildet (DOOHAN et al. 2003). Hier wird jedoch ein Maximum des Toxins bei einem A_W von 0,97 und einer Inkubation von 25 °C bis 28 °C über die Dauer 14-15 Tagen gefolgt von Temperaturen von 12 °C bis 15 °C in 20-28 Tagen erreicht. Dieses kann allerdings je nach Substrat variieren (DOOHAN et al. 2003). Für die Produktion von Fumonisin sind bereits kühlere Temperaturen angefangen bei 15 °C bis hin zu 30 °C, bei einem A_W von 0,98, optimal (DOOHAN et al. 2003).

Ebenso, wie die Produktion von Mykotoxinen, wird auch der Krankheitsverlauf durch die Witterung bestimmt. So lässt sich in Tabelle 7 die optimale Witterung für einen Krankheitsverlauf, von verschiedenen durch *Fusarium spp.* verursachten Krankheiten in Getreide, erkennen (DOOHAN et al. 2003).

Tabelle 7: Optimale Witterungsbedingungen für den Verlauf verschiedener Erkrankungen durch *Fusarium spp.* im Getreide (DOOHAN et al. 2003)

Species	Optimal conditions for disease development		References
	FHB and ear rot	Seedling blight and foot rot	
F. graminearum, *F. culmorum,* *F. poae,* *F. avenaceum*	Warm wet weather at anthesis (25 °C and >20 h rainfall)	Warm dry weather (>16 °C)	Atanisoff (1920), Dickson et al. (1921), Pugh et al. (1933), Andersen (1948), Sutton (1982), Parry et al. (1994; 1995) Reid et al. (1995), McMullen et al. (1997), Hall and Sutton (1998), Tekauz et al. (2000), Brennan et al. (2003)
M. nivale	Moderately warm wet weather at anthesis (20 °C and >20 h rainfall)	Cool dry weather (10–15 °C)	Parry et al. (1994; 1995), Brennan et al. (2003)
F. moniliforme, *F. proliferatum* *F. subglutinans*	Hot and dry conditions, especially at maize silking Moderately warm humid climates	— —	Miller et al. (1995), Vigier et al. (1997), Reid et al. (2002) Vigier et al. (1997), Reid et al. (2002)

Regen und die Temperatur haben während der Blüte einen besonderen Einfluss auf den Befall der generativen Pflanzenteile des Maises. Hierbei ist weniger entscheidend, in welcher Menge der Niederschlag auftritt, als

48

mehr der Zeitpunkt (OLDENBURG et al. 2000). Bereits REISS (1986) berichtet von einer Korrelation von Niederschlag in den Monaten Juni bis Juli und dem Auftreten von *Fusarium*-Toxinen.

Das bereits erwähnte Monitoring von BIRR (2013) in Schleswig-Holstein ergab, dass die Befallsstärke von *Fusarium spp.* in Mais im Jahr 2011 aufgrund der Niederschlagsmenge und -verteilung zur Blüte um ein Vierfaches höher war als im Jahr 2012 (BIRR 2013). In der drei Wochen andauernden Maisblüte in 2011 wurden an allen Standorten im Mittel etwa 105 mm Niederschlag gemessen. In dieser Zeit gab es mehr Tage an denen Niederschlag auftrat, als Tage an denen kein Niederschlag auftrat. Die Temperatur betrug in dieser Zeit im Mittel 16,7 °C (BIRR 2013). Im Vergleich dazu lag im Jahr 2012 der Niederschlag während der Blühphase im Mittel bei 24,7 mm. Hier handelte es sich lediglich um wenige Tage, an denen Niederschlag auftrat. Die Temperaturen lagen hier im Mittel bei 17,5 °C. (BIRR 2013)

So kommt es durch die Witterung immer wieder zu Fusarium-Jahren, in denen optimale Witterungsbedingungen für die Ausbreitung und das Wachstum vorherrschen (OLDENBURG et al. 2000). Charakteristisch für diese Jahre ist dann ein überdurchschnittlicher Befall mit *Fusarium spp.* und die damit einhergehende Steigerung des *Fusarium*-Toxingehaltes in Getreide (OLDENBURG et al. 2000).

Wurzel- und Stängelfäulen können sowohl über unverottete Pflanzenreste im Boden, als auch infiziertes Saatgut, sowie Wind übertragen werden (HURLE et al. 2005). Diese Infektion wird besonders durch Verletzungen der Pflanze, z.B. durch Hagelschäden begünstigt. Hierbei entstehen Eintrittspforten für das Pathogen. Außerdem gilt der Übergang von einem sehr trockenen Sommer zu einem niederschlagsreichen Herbst als förderlich für das Krankheitsbild (HURLE et al. 2005). Die Kolbenfäule wird besonders durch niederschlagsreiche und kühle Spätsommer und Herbstwochen mit einer hohen Luftfeuchte gefördert (HURLE et al. 2005). Frühfröste, die für eine Verletzung der Lieschen sorgen, begünstigen ebenfalls eine Infektion, da so mit Pilzsporen besetztes Regenwasser an die Kolbenbasis gelangen kann (HURLE et al. 2005).

5.2 Boden

Unter optimalen Witterungsbedingungen für das Wachstum und die Verbreitung von *Fusarium spp.* gilt der Boden als größte Infektionsquelle (OLDENBURG et al. 2000). Diese wird durch die jeweilige Bodenbearbeitung und die Vorfrucht beeinflusst (BARTELS und RODEMANN 2003). Hierbei geht ein besonders Risiko von nicht untergepflügten Ernterückständen aus, die mit *Fusarium spp.* befallen sind (OLDENBURG et al. 2000). Eng aufeinander folgende Fruchtfolgen mit Getreide und Mais, welche besonders anfällig für den Befall von *Fusarium spp.* sind, bergen somit ein erhöhtes Infektionspotential für den Befall der Folgekultur (OLDENBURG et al. 2011).

Vorfrucht

Mais gilt als besonders infektionsfördernd als Vorfrucht von Weizen (BARTELS und RODEMANN 2003). In der Abbildung 18 ist zu sehen, dass Mais ein weitaus höheres Risikopotential als andere Kulturen birgt. Der mehrjährige Anbau von Stoppelweizen oder Mais nach Mais hat ebenfalls Auswirkungen auf eine mögliche Infektion (WOLFRATH et al. 2013). Die Vermeidung eines hohen Infektionsdruck kann somit durch eine erweiterte Fruchtfolge erreicht werden, in der der Anteil an Mais reduziert und der Anteil von Sommerungen und Blattfrüchten erhöht wird (OLDENBURG et al. 2011)

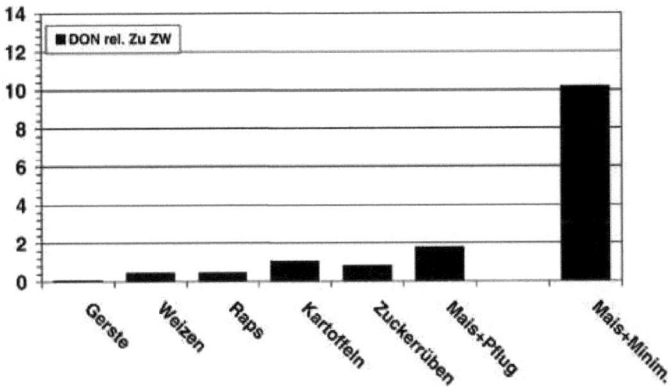

Abbildung 19: Relativer DON-Gehalt im Weizen in Bezug auf die Vorfrucht (BECK und LEPSCHY 2000)

Bodenbearbeitung

Weiterhin kann das Risiko einer Infektion durch entsprechende Boden-bearbeitung minimiert werden. Denn Ernterückstände, die auf der Bo-denoberfläche verbleiben, fördern eine Infektion. Eine Einarbeitung durch den Pflug fördert die Rotte des Pflanzenmaterials (BARTELS und RODEMANN 2003). Da diese aber im darauf folgenden Jahr wieder hochgepflügt werden könnten, empfiehlt sich, die Erntereste vor der wendenden Bodenbearbeitung durch Häckseln zu zerkleinern und zu verteilen (OLDENBURG et al. 2011).

Bei einem mehrjährigen Versuch wurde der Einfluss der Bodenbearbei-tung in Zusammenhang mit unterschiedlichen Sorten auf den DON-Gehalt geprüft. Bei den getesteten Sorten handelte es sich um Sorten mit hoher und geringer Einstufung der Sortenresistenz gegenüber *Fusa-*

rium spp. Getestet wurde in einer Silomais-Winterweizen-Winterweizen Fruchtfolge (OLDENBURG et al. 2009). Die Varianten der Bodenbearbeitung waren zum einen die wendende Bodenbearbeitung mit einem Pflug, zum anderen die Mulchsaat mit einer Lockerung der Erntereste (OLDENBURG et al. 2009).

In Abbildung 20 handelt es sich bei der Bundessortenamt-Einstufung 2 um die weniger anfällige und bei der Einstufung 5 um die anfälligere Sorte gegenüber Stängelfäule (OLDENBURG et al. 2009).

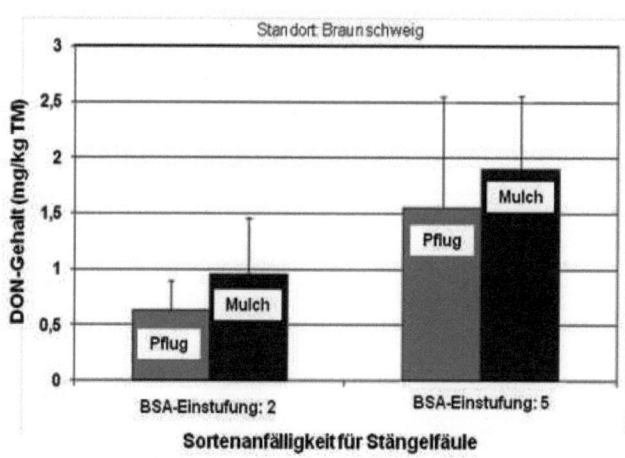

Abbildung 20: DON-Gehalt im Silomais bei unterschiedlichen Sortenresistenzeinstufungen durch das Bundessortenamt und Bodenbearbeitungsverfahren (OLDENBURG et al. 2009)

Wie in Abbildung 20 zu sehen ist, zeigte sich im Mittel der fünf Versuchsjahre von 2003 bis 2007 das der DON-Gehalt des Silomaises bei Anwendung des Mulchsaatverfahrens höher war, als bei der Bearbeitung mit dem Pflug (OLDENBURG et al. 2009). Durch die Mulchsaat mit Lockerung wurde ein Strohbedeckungsgrad von 10 % bis 20 % erzielt. Dieser gewährleistet, dass bei der mehrjährigen Anwendung von Mulchsaatverfahren keine Steigerung des Fusarium-Risikos gegeben ist

(OLDENBURG et al. 2009). Die weniger anfällige Maissorte wies im Mittel der Jahre einen deutlich geringeren DON-Gehalt auf, als die anfälligere Sorte. Allerdings ergab sich kein Unterschied in Bezug auf das Fusarium-Befallsrisiko der Folgefrucht (OLDENBURG et al. 2009). Konservierende Bodenbearbeitung und die Auswahl einer weniger anfälligen Sorte gilt als effektive Vermeidungsstrategie einer Infektion der Pflanze (OLDENBURG et al. 2011).

5.3 Sortenwahl

Bisher gibt es keine Sorten die eine Resistenz gegen *Fusarium spp.* besitzen (OLDENBURG et al. 2011). Allerdings gibt es in der beschreibenden Sortenliste des BSA eine Einstufung der einzelnen Maissorten auf die Anfälligkeit von Stängelfäule (BUNDESSORTENAMT 2013). Laut OLDENBURG et al. (2011) besteht eine Korrelation zwischen dem optisch erkennbaren Befall durch Kolben- und Stängelfäule und der Belastung mit Mykotoxinen im Kolben.

„Stay green"- Sorten die sich dadurch auszeichnen, dass sie über die Kornreife hinaus grüne Blätter und Stängel aufweisen, besitzen eine längere Vitalität und zeigen eine hohe Widerstandsfähigkeit gegenüber Stängelfäuleerregern auf (DMK 2009). Die hohe Widerstandsfähigkeit wird aufgrund des länger intakten Blattgewebes vermutet (OLDENBURG et al. 2011).

Der Maiszünsler (*Ostrinia nubilalis*) ist ein bedeutender tierischer Schädling im Mais (SASS et al. 2007). Im Jahr 2007 war in Deutschland eine Fläche von 60.000 ha befallen (ALBERT et al. 2008). Durch die Verletzung des Pflanzengewebes durch Schadfraß der Larven bietet er Eintrittspforten für pilzliche Erreger, wie *Fusarium spp.* (SASS et al. 2007).

Die Larven sind in der Lage als Vektor zu fungieren und können so auch aktiv *Fusarium spp.* ins Stängelinnere führen (SASS et al. 2007). Um den Folgen des Maiszünslerbefalls entgegen zu wirken wurde die Maissorte MON810 mit einem *Bt*-Protein-Gen des Bodenbakteriums *Bacillus thuringiensis* versehen. Dieses produziert innerhalb der Pflanze ein *Bt*-Toxin, welches zu einer Tötung der Larven führt (ALBERT et al. 2008). Dieser transgene Mais besitzt in der EU eine Zulassung und wird in Spanien bereits auf einer Fläche von 100.000 ha jährlich angebaut. Aktuelle Daten des BMEL (2013) zeigen, dass von 2009 bis 2012 kein Anbau von GV-Mais in Deutschland vorhanden war. In Deutschland sowie auch in Frankreich herrscht derzeit ein nationales Anbauverbot von MON 810 - Mais (BMEL 2013).

5.4 Sonstiges

Ernte

Für die Ernte empfiehlt sich, den Silomais nicht länger als nötig, also über den Trockenmassebereich von 30 % bis 35 % hinauszuzögern. So kann das Risiko einer Bildung von *Fusarium*-Toxinen minimiert werden (OLDENBURG und HÖPPNER 2003). Der Erntezeitpunkt muss individuell an die Nutzungsbedingung des Maises angepasst werden und sollte nicht überschritten werden (OLDENBURG et al. 2011). Liegt ein Befall der Pflanze mit Stängelfäule vor, kann durch einen erhöhten Schnitt von etwa 40 cm der befallene Teil vom restlichen Erntegut getrennt werden. Sind Kolbenanlagen und Blattspreiten befallen, empfiehlt sich ein Schnitt direkt unterhalb des Hauptkolbens, da dieser zur Siloreife als weitestgehend gesund bis gering befallen gilt (OLDENBURG et al. 2006).

Fungizideinsatz

Seit 2014 gibt es zwei Fungizide, die im Mais zugelassen sind. Zum einen Quilt Xcel mit den Wirkstoffen Propiconazol und Azoxystrobin (BVL 2014). Dieses darf einmalig bei Befallsbeginn nach einem Warndienstaufruf zwischen EC 30 bis EC 69 (Ende Blüte) angewendet werden (TOP AGRAR 2014). Zum anderen Retengo Plus mit den Wirkstoffen Epoxiconazol und Pyraclostrobin (BVL 2014). Dieses darf ebenfalls einmalig angewendet werden. Entweder in EC 30 bis 39 oder EC 51 bis 65 (TOP AGRAR 2014). Sie sind zugelassen gegen Blattdürre an Mais (*Setosphaeria turicica*) (BVL 2014). Zusätzlich zeigen diese Mittel eine Reduzierung des Toxin-Gehaltes in Maiskörnern (TOP AGRAR 2014). So hat ein Versuch der Christian-Albrechts-Universität zu Kiel in den Versuchsjahren 2010 und 2011 gezeigt, dass die Bestände, die während des Erscheinen des Kolbens bei einer Wuchshöhe von 120 cm behandelt wurden, um 50 % verminderte DON-Gehalte aufwiesen im Gegensatz zu unbehandelten Partien (TOP AGRAR 2014).

Bodentiere

Bodentiere, wie Regenwürmer, Collembolen und Nematoden tragen zu einer Reduzierung des Mykotoxin-Gehaltes in Ernterückständen bei (SCHRADER et al. 2014). Sie zeichnen sich durch den Fraß von Schadpilzen aus. Neben dem direkten Fraß der Erntereste bewirken Regenwürmer in der oberen Bodenschicht eine hohe mikrobielle Aktivität, die zu einer raschen Mineralisierung der Ernterückstände führt (SCHRADER et al. 2014). Von den Regenwürmern in die obere Bodenschicht gezogen, dienen die Strohreste weiteren Bodenorganismen. Gleichzeitig nimmt der Bedeckungsgrad des Bodens mit infiziertem Stroh ab (SCHRADER et al. 2014). Bei den fungivoren Collembolen und Nematoden zeigt sich in Abhängigkeit von der Bodenart ebenfalls eine Reduktion von DON-Gehalten. Eine angepasste Minimierung der Bodenbearbeitung kann somit die Aktivität von nützlichen Bodenorganismen erhöhen (SCHRADER et al. 2014).

6 Diskussion

In den vergangenen Jahren kam es zu einer stetigen Ausdehnung des weltweiten Maisanbaus (DMK 2014). Der Mais dient sowohl, der menschlichen Ernährung, der Verfütterung an Tiere, als auch der Energiegewinnung (LÜTKE ENTRUP et al. 2011). Die Steigerung der Anbaufläche führt zu einem erhöhten Maisanteil in der Fruchtfolge, was mit einem Anstieg des Infektionsdrucks für *Fusarium spp.* einhergeht (BIRR 2013). Durch den Befall mit *Fusarium spp.* können nicht nur quantitative, sondern auch qualitative Einbußen durch die Bildung sekundärer Stoffwechselprodukte der Pilze, sogenannte Mykotoxine, hervorgerufen werden. Diese bergen bei einem Verzehr durch Mensch und Tier gesundheitliche Schädigungen für diese (PLACINTA et al. 1999). Um die Bedeutung von *Fusarium spp.* und deren Mykotoxine zu verstehen, sollte in dieser Arbeit ein Überblick über die Biologie, das Vorkommen und die Verbreitung verschiedener *Fusarium*-Arten in unterschiedlichen Regionen gegeben werden und weiterhin die entscheidenden Faktoren genannt werden, die das Auftreten und die Bildung von *Fusarium spp.* fördern und mögliche Gegenmaßnahmen, die im Anbau von Mais eine Rolle spielen.

Für die Risikoabschätzung in Bezug auf das Vorkommen von *Fusarium*-Toxinen in Futtermitteln in Deutschland zeigen 1995 und 1996 durchgeführte Versuche ein häufiges Auftreten von Zearalenol, Deoxynivalenol und Nivalenol (OLDENBURG et al. 2000). Diese Befunde decken sich weitestgehend mit denen von GÖRTZ (2009), die im Jahre 2006 und 2007 gemacht wurden. Zusätzlich wurden ebenfalls 3- und 15- AcDON festgestellt. Das Auftreten verschiedener Mykotoxine und unterschiedlicher Konzentrationen lassen sich zum einen auf mögliche Unterschiede der Umweltbedingungen, wie den Witterungsverlauf in den jeweiligen Jahren zurückführen. So bergen laut BIRR (2013) z.B. erhöhte Niederschlagsmengen und -verteilungen während einer Vegetationsperiode und besonders zur Blüte ein erhebliches Risiko auf eine Infektion mit *Fusarium spp.* Während GÖRTZ (2009) in seinem zweijährigen Monitoring das Vorkommen von insgesamt 13 Erregern der *Fusarium*-Kolbenfäule beschreibt, wurden bei BIRR (2013) über die gesamte Versuchszeit von zwei Jahren lediglich sieben *Fusarium*-Arten nachgewiesen. Da GÖRTZ (2009) einen Versuch an insgesamt 84 Standorten in ganz Deutschland durchgeführt hat, während sich die Versuchsstandorte von BIRR (2013) lediglich auf Standorte in Schleswig-Holstein belaufen, könnte das verringerte Auftreten von *Fusarium spp.* bei BIRR (2009) vermutlich auf unterschiedliche Umweltbedingungen in den verschiedenen Regionen zurück geführt werden. Zusätzlich ist darauf hinzuweisen, dass sich die dargestellten Ergebnisse von BIRR (2013) lediglich auf die Sorte Lorado beziehen. Diese gilt laut beschreibender Sortenliste des BSA mit der Einstufung 7 als stark anfällig gegenüber Stängelfäule.

Aber nicht nur die Witterung, sondern auch klimatische Einflüsse der geographischen Lage zeigen Auswirkung auf das Vorkommen von *Fusarium*-Arten und ihren spezifischen Mykotoxinen (DOOHAN et al. 2003). So beschreibt LOGRIECO et al. (2002) das in Mittel- und Nordeuropa *Giberella* ear rot vorzugsweise durch die Erreger *F. graminearum*, *F.subglutinans* und *F. avanaceum* hervorgerufen wird. Diese sind in Regionen zu finden, die charakteristisch für häufige Niederschläge und niedrige Temperaturen sind (LOGRIECO et al. 2002). Auf *Fusarium* ear rot infizierten Pflanzen wurde wie in Nord-und Mitteleuropa häufig *F. subglutinans* isoliert während im Süden vorwiegend *F. verticillioides* und *F. proliferatum* festgestellt wurden (LOGRIECO et al. 2002). Auch GÖRTZ (2009) beschreibt den Einfluss auf das Arten- und

Mykotoxinspektrum in Zusammenhang mit den Temperaturen, die während der Blüte und Kornbildung vorherrschen. Hohe Temperaturen hatten ein häufiges Auftreten der *Fusarium*-Kolbenfäuleereger *F. verticillioides* und *F. proliferatum* zur Folge. *F. graminearum* und *F. subglutinans* traten bevorzugt bei mäßigen Temperaturen auf.

Schlagspezifische Prognose-Modelle, die auf www.isip.de und der Internetpräsenz der LfL angeboten werden, sollen laut SCHLÜTER und KROPF (2010) unter Einbeziehung mehrerer Einflussfaktoren, wie die Sorte, Bodenbearbeitung, geographische Lage, Vorfrucht etc. einer Risikobewertung des Befalls mit *Fusarium spp.* dienen. Diese Prognose-Modelle beziehen sich jedoch auf den Befall von *Fusarium spp.* im Weizen. Prognose-Modelle zur Risikobewertung im Mais wären ebenfalls sinnvoll und wünschenswert für die Zukunft um eine Einschätzung zu gewährleisten.

Auch die Sortenwahl leistet in Kombination mit den anderen Faktoren einen Beitrag als Gegenmaßnahme, gegen den Befall von *Fusarium spp.* In der Literatur gibt es zurzeit noch keinerlei Angaben über *Fusarium*-resistente Genotypen auf dem Markt. Forschungen in diesem Bereich könnten eine Verbesserung für den Maisanbau bewirken.

Die beschreibende Sortenliste des BSA (2013) bietet eine Einstufung der Maissorten in Bezug auf die Anfälligkeit gegenüber Stängelfäule. In dem Versuch von OLDENBURG et al. (2009) wurde der DON-Gehalt bei Maissorten mit einer anfälligeren und einer weniger anfälligen Maissorte in Kombination mit unterschiedlichen Bodenbearbeitungsverfahren erörtert. Abbildung 20 zeigt einen erhöhten DON-Gehalt in der anfälligeren Sorte bei beiden Varianten der Bodenbearbeitung. Weiterhin wäre eine zurzeit noch nicht vorhandene Einstufung der Anfälligkeit gegenüber *Fu-*

sarium-Kolbenfäule in der beschreibenden Sortenliste hilfreich um einem *Fusarium*-Befall vorzubeugen.

Durch den Maiszünsler (*Ostrinia nubilalis*), der im Jahr 2007 in Deutschland laut ALBERT et al. (2008) auf einer Fläche von 60.000 ha zu beobachten war, geht ein zusätzliches Risiko für die Infektion des Maises aus. Der Schadfraß der Larven kann laut SASS et al. (2007) zu einer Verletzung der Pflanze führen und so Eintrittspforten für pilzliche Erreger, wie *Fusarium spp.* bilden. Zusätzlich können sie laut SASS et al. (2007) als Vektoren dienen und die Pathogene aktiv in die Pflanze befördern. Um einem Befall entgegenzuwirken, wurden *Bt*-Maissorten entwickelt. Diese Sorten sind mit einem Protein-Gen des Bodenbakterium *Bacillus thuringiensis* versehen. Allerdings wäre ein Anbau zur Vermeidung einer Infektion durch Maiszünsler nur in Maiszünslergebieten sinnvoll. Zudem ist der Anbau zwar in der EU erlaubt, allerdings herrscht laut BMEL (2013) ein deutschlandweites Anbauverbot. Somit spielt der Anbau in Deutschland vorerst keine Rolle.

Im Jahre 2014 wurden laut BVL (2014) erstmals Fungizide im Mais zugelassen. Diese sind jedoch lediglich nach einem amtlichen Warndienstaufruf zu verwenden (TOP AGRAR 2014). Mais gilt laut JULIUS KÜHN-INSTITUT (2014) derzeit im Vergleich zu anderen Kulturarten mit einem Behandlungsindex von 1,9 zu den behandlungsärmsten Kulturen. Der Einsatz von Fungiziden sollte jedoch kritisch betrachtet werden, da hierdurch besonders in heutigen Zeiten, in denen es immer wieder zu Kontroversen in Bezug auf die Nachhaltigkeit der Landwirtschaft kommt, die Toleranz gegenüber dem Maisanbau seitens des Verbrauchers herabgesetzt werden könnte.

Der Boden gilt als Ausgangsinokulum und kann unter optimalen Witterungsbedingungen als größte Infektionsquelle angesehen werden. Infi-

zierte Ernterückstände, die auf und im oberen Teil des Bodens verbleiben bergen ein besonderes Risiko für eine Infektion. Versuchsergebnis-
se von OLDENBURG et al. (2009) zeigen Auswirkungen auf den DON-
Gehalt bei unterschiedlichen Bodenbearbeitungsverfahren. So ist der
DON-Gehalt in Silomais bei wendender Bodenbearbeitung geringer, als
bei einer lediglichen Lockerung der Erntereste. Die Darstellung von
BECK und LEPSCHY (2000) zeigt ebenfalls, dass eine minimierte Bodenbearbeitung von Maisstoppeln in der Folgefrucht Weizen im Vergleich zur wendenden Bodenbearbeitung den DON-Gehalt um ein Viel-
faches übersteigt. Laut WOLFRATH et al. (2013) hat ebenfalls der Anbau von Mais nach Mais einen Effekt auf eine Infektion mit *Fusarium
spp.* So empfiehlt sich laut OLDENBURG et al. (2011) eng auf einander
folgende Fruchtfolgen von Mais und Getreide, sowie Mais nach Mais zu
vermeiden und stattdessen den Anteil von Sommerungen und Blattfrüchten zu erhöhen.

Weiterhin kann laut OLDENBURG und HÖPPNER (2003) durch eine
Verschiebung des Erntezeitpunktes über den Trockenmassegehalt von
30 % bis 35 % die Bildung von *Fusarium*-Toxinen gefördert werden. Somit kann eine Minimierung des Gehaltes von *Fusarium*-Toxinen durch
die Anpassung eines optimalen Erntezeitpunktes an die Nutzung des
Maises erreicht werden. Bei bereits mit Stängelfäule infiziertem Mais
empfiehlt sich laut OLDENBURG et al. (2006) eine Trennung von infiziertem Pflanzenmaterial zur Restpflanze durch eine Anhebung der Schnitt-
höhe um 40 cm.

Die Ergebnisse dieser Arbeit zeigen, dass eine Vielzahl von Faktoren auf
die Infektion mit *Fusarium spp.* und die damit verbundenen Mykotoxin-
Belastungen Einfluss nehmen. Während auf Witterungsbedingungen
kein Einfluss möglich ist, können Maßnahmen des integrierten Pflanzen-

schutzes zu einer Minimierung des Risikos einer Infektion führen. Wichtig ist hierbei die Wahl einer Sorte, welche sich weniger anfällig gegenüber Stängelfäule zeigt, wobei eine weitere Einstufung gegenüber Kolbenfäule für die Zukunft dienlich wäre. Zudem könnten pflanzenzüchterische Forschungen in Bezug auf Resistenzen gegenüber *Fusarium spp.* einen bedeutenden Fortschritt gegen Mykotoxin-Belastungen in Nahrungs- und Futtermitteln darstellen. Die Bodenbearbeitung trägt durch eine angemessene Zerkleinerung und Verteilung der Erntereste ebenfalls zu einer Reduzierung von *Fusarium*-Toxinen bei. In Kombination mit Fruchtfolgen, die ein enges Aufeinanderfolgen von Mais und Getreide, sowie Mais nach Mais vermeiden und einem individuell auf die Nutzungsrichtung abgestimmten Erntezeitpunkt können diese anbautechnischen und pflanzenbaulichen Maßnahmen zu einer Reduzierung des Befalls mit *Fusarium spp.* und dem Auftreten von Mykotoxinen führen.

7 Zusammenfassung

Schimmelpilze der Gattung *Fusarium* sind ein weltweites Problem im Getreide- und Maisanbau. Sie produzieren Mykotoxine als Sekundärmetaboliten ihres Stoffwechsels. Diese können sowohl in tierischen Futtermitteln, sowie in Lebensmitteln erhebliche gesundheitliche Schädigungen von Mensch und Tier nach sich ziehen. Aus diesem Grund gilt die Verordnung der Europäischen Union zur Festlegung der Mykotoxin-Höchstmengen in Lebensmitteln (EG) Nr. 1881/2006. Mittlerweile sind etwa 400 Mykotoxine bekannt, von denen aber nicht alle eine Rolle in Nahrungs- und Futtermitteln spielen. Zu den bedeutenden Klassen der *Fusarium*-Toxine gehören die Trichothecene, Zearalenone und Fumonisine. Sie unterscheiden sich in ihrem chemischen Aufbau und ihrer Wirkung auf den menschlichen und tierischen Organismus. Die gebildeten Mykotoxine sind spezifisch für die produzierende *Fusarium*-Art. *Fusarium spp.* im Mais verursachen Krankheiten, wie die Wurzel- und Stängelfäule und Kolbenfusariosen, die je nach Stärke des Befalls mit einer Kontamination durch Mykotoxine im Erntegut und Ernteverlusten einhergehen können. Für den Befall der Pflanze durch *Fusarium spp.* ist neben den Umweltbedingungen die Form der Vermehrung der jeweiligen Art bedeutend. Besitzt der Pilz, wie z.B. *F. graminearum* einen vollständigen Entwicklungszyklus mit einer Haupt- und einer Nebenfruchtform, können sowohl Askosporen als geschlechtliche und Konidien als ungeschlechtliche Form gebildet werden. Konidien können jedoch im Vergleich zu Askosporen nur kurze Strecken durch z.B. Regentropfen zurücklegen. Die Infektion der Pflanze kann über verschiedene Wege, wie die Narbenfäden oder Knoten erfolgen. Zusätzlich begünstigen Verletzungen der Pflanze durch einen Maiszünslerbefall oder Hagelschäden einen Eintritt der Erreger. Die saprophytische Lebensweise der Pilze ermöglicht ihnen den Verbleib auf Ernterückständen und kann sich so in darauf folgenden Vegetationsperioden erneut Vermehren. Durch die unterschiedlichen Temperaturansprüche von *Fusarium spp.* variiert ihr Vorkommen und das von Mykotoxinen je nach Region. So zählen z.B. *F. graminearum* und *F. columorum* als DON-Produzenten im mitteleuropäischen Raum zu den wichtigsten Krankheitsregern im Mais, während im Süden andere Arten dominieren. Erhebliche Einflüsse auf den Erreger zeigt die Witterung. So kommt es in Jahren mit optimalen Witterungsbedingungen für die Entwicklung und Ausbreitung des Pilzes immer wieder zu *Fusarium*-Jahren in denen die Mykotoxin-Belastung weit über dem Durchschnitt liegt. Entgegengewirkt werden kann einem Befall mit *Fusarium spp.* durch präventive Maßnahmen, die die Wahl einer weniger anfälligen Sorte, eine geeignete Fruchtfolge, angepasste Bodenbearbeitung und die Anpassung eines optimalen Erntezeitpunktes einbeziehen. Diese Faktoren tragen zu einer Minimierung des Risikos einer Infektion der Pflanze wie auch des Mykotoxin-Gehaltes bei.

8 Abstract

Fungi of the genus *Fusarium* are a worldwide problem for the cultivation of maize and cereals. They produce mycotoxins as secondary metabolites. In both, animal feeds and foodstuff these can cause significant damage to human and animal health. Therefore, the European Union stipulated a mycotoxin maximum concentration regulation for food (EG) Nr. 1881/2006. Currently about 400 mycotoxins are known, but not all of them play a role for food and animal feedstuffs. Trichothecenes, zearalenone and fumonisins belong to the most significant classes of the *Fusarium*-toxins. They differ in their chemical composition and their effect on the human and animal organism. The produced mycotoxins are specific for the producing *Fusarium* type. *Fusarium spp.* in maize causes diseases like the root and stem rot and ear rot which, depending on the intensity of the attack, can go hand in hand with a contamination of mycotoxines in the harvest and crop losses. For the infestation of the plant by *Fusarium spp.* the environmental conditions as well as the method of reproduction are important. Does a fungus, like the F. graminearum for example, have a full development cycle; ascospores can be produced as a sexual form and conidia as an asexual form. Conidia in contrast to ascospores can just travel a short distance, e.g. by raindrops. The infection of the plant can happen through different ways, e.g. during the silk emergence or through the nodes. Injuries of the plant like an infestation with the European corn borer (ECB) or hail damage increase the chance for an entrance of the pathogen. The saprophytic mode of life enables the fungus to stay on crop residues, so they can reproduce again in the following cycles of vegetation. Due to the different temperature tolerances of *Fusarium spp.* their occurrence and the occurrence of mycotoxins varies depending on the region. *F. graminearum* and *F. culmorum* are among the most important pathogens in maize in the Central European region, whereas other types dominate in the south. Weather conditions have a significant effect on the pathogen. In years with optimal weather conditions for the development and spread of the fungus, so called "*Fusarium* years", the mycotoxin contamination is far above average. The infestation with *Fusarium spp.* can be countered by preventative measures, which include the choice of a less susceptible type, an appropriate crop rotation, adjusted soil cultivation and the choice of an optimal harvesting time. All these factors help minimizing the risk of an infection of the plant as well as the mycotoxin content.

9 Literaturverzeichnis

ADOLF, B. (1998): Epidemiologie und Nachweis von Getreidefusariosen: Untersuchungen an Weizen und Gerste. München: Herbert Utz Verlag GmbH.

ALBERT, R., MAIER, G., DANNEMANN, K. (2008): Maiszünslerbekämpfung - Bekämpfung und neue Entwicklungen beim Trichogramma brassicae-Einsatz. Gesunde Pflanzen (60), 41-54.

APPELL, M., KENDRA, D., TRUCKSESS, M. (2009): Mycotoxin Prevention and Control in Agriculture. Washington: American Chemical Society.

BALTIS, W., MATISSEK, R. (2011): Lebensmittelchemie. 7. Auflage, Heidelberg: Springer-Verlag.

BARTELS, G., RODEMANN, B. (2003): Strategien zur Vermeidung von Mykotoxinen im Getreide. Gesunde Pflanzen 55 (5), 125-133.

BARTELS, G., RODEMANN, B. (2004): Fusariumbefall -Schadbild und Ausbreitung (32. Jg.). Mais 01, 4-7.

BECHTEL, A., OBST, A. (2013): Die Wetterregel nach Bechtel und Obst, http://www.lfl.bayern.de/ips/getreide/030568/index.php (Zugriff am 27. Dezember 2014).

BECK, R., LEPSCHY, J. (2000): Ergebnisse aus dem Fusarium-Monitoring 1989-1999 - Einfluss der produktionstechnischen Faktoren Fruchtfolge und Bodenbearbeitung. Heft 3, 104-108, Bayrische Landesanstalt für Bodenkultur und Pflanzenbau.

BERGER, M., RAPP, M. (2012): Mykotoxine - Giftige Stoffwechselprodukte von Schimmelpilzen, http://www.vis.bayern.de/ernaehrung/lebensmittelsicherheit/unerwuensc hte_stoffe/mykotoxine.htm,(Zugriff am 25. September 2014).

BIRR, T. (2013): Überregionales Monitoring zur Epedemie- und Schaednsdynamik von Fusariumerregern sowie Strategien zur Befalls- und Risikominimierung der Mykotoxinbelastung in der Weizen- und Maiskultur Schleswig Holsteins (2008-2012). Kiel: Christian-Albrechts-Universität.

BMEL (2013): Gentechnik: Was genau ist das?, http://www.bmel.de/DE/Landwirtschaft/Pflanzenbau/Gentechnik/_Texte/ Gentechnik_Wasgenauistdas.html (Zugriff am 02. Januar 2015).

BROCKMEYER, A., THIELERT, G. (2001): Bestimmung der Fumonisine FB_1 und FB_2 sowie ihrer hydrolisierten Metaboliten mittels HPLC-ESI-MS. Mycotoxin Review 17 (1), März, 112-115.

BUNDESSORTENAMT (2013): Beschreibende Sortenliste 2013, http://www.bundessortenamt.de/internet30/fileadmin/Files/PDF/bsl_getrei de_2013.pdf (Zugriff am 02. Januar 2015).

BÜTTNER, P. (2013): Entwicklungszyklus von Gibberella zeae, http://www.lfl.bayern.de/mam/cms07/ips/dateien/poster_entwickluingszyk lus_f.graminearum.pdf (Zugriff am 18. November 2014).

BVL (2014): Datenblatt und Anwendungsinformationen, https://portal.bvl.bund.de/psm/jsp/ListeAnwendg.jsp?ts=1414501950393 (Zugriff am 28. Oktober 2014).

COOKE, B., BAILEY, J., Xu, X. (2003): Epidemiology of Mycotoxin Producing Fungi. Dordrecht: Kluwer Academic Publishers.

DESJARDINS, A., (2006): *Fusarium* Mycotoxins - Chemistry, Genetics, and Biology. Minnesota: The American Phytopathological Society.

DMK (2009): Sortentypen, http://www.maiskomitee.de/web/intranetHomepages.aspx?hp=77ee9723 -3334-4494-5e32-237cde454386 (Zugriff am 14. Dezember 2014).

DMK (2014): Bedeutung des Mais, http://www.maiskomitee.de/web/public/Fakten.aspx/Statistik (Zugriff am 26. August 2014).

DOOHAN, F., BRENNAN, J., COOKE, B. (2003): Influence of climatic factors on Fusarium species pathogenic to cereals. In: Xu X., Bailey J.A., Cooke B.M. (Hrsg.) "Epidemiology of Mycotoxin Producing Fungi", Dordrecht: Kluwer Academic Publishers, 755-768.

EBERMANN, R., ELMADFA, I. (2011): Lehrbuch Lebensmittelchemie und Ernährung. 2. Auflage, Wien: Springer-Verlag.

EUROPA (2010): Höchstgehalte für bestimmte Kontaminanten, http://europa.eu/legislation_summaries/food_safety/contamination_envir onmental_factors/l21290_de.htm (Zugriff am 01. September 2014).

EMAN (2013): European Mykotoxins Awarness Network, http://services.leatherheadfood.com/eman/FactSheet.aspx?ID=5 (Zugriff am 25. September 2014).

FAO (2008): Minimizing risks posed by mycotoxins utilizing the HACCP concept, http://www.fao.org/docrep/x2100t/x2100t08.htm (Zugriff am 04. September 2014).

GÖRTZ, A., (2009): Auftreten der Fusarium-Kolbenfäule im Maisanbau in Deutschland und Maßnahmen zur Vermeidung der Mykotoxinbelastung in Maiskörnern. Bonn: Dissertation, Rheinische Friedrich-Wilhelms-Universität Bonn.

HALLMANN, J., QUADT-HALLMANN, A., VON TIEDEMANN, A. (2007): Phytomedizin. Stuttgart: Eugen Ulmer KG.

HOFF, B., ENGH, I., KÜCK, U., NOWROUSIAN, M. (2009): Schimmelpilze Lebensweise, Nutzen, Schaden, Bekämpfung. 3. Auflage, Berlin Heidelberg: Springer Verlag.

HURLE, K., MEHRTENS, J., MEINERT, G. (2005): Mais Unkräuter Schädlinge Krankheiten. 2. Auflage, Gelsenkirchen: Verlag Th. Mann.

JULIS KÜHN-INSTITUT (2014): Statistische Erhebung zur Anwendung von Pflanzenschutzmitteln, http://papa.jki.bund.de/index.php?menuid=30, (Zugriff am 01. September 2014).

KORMANN, K., FRANK, H., ROTH, L. (1990): Giftpilze Pilzgifte. Hamburg: Nikol Verlagsgesellschaft.

LEITNER, S., BUCHER, A., BÖHM, J., ROSENKRANZ, C. (2001): Gewebsspezifische Veränderungen bei geschlechtsreifen Sauen nach Aufnahme von Zearalenon-haltigem Futter. Mycotoxin Research 17 (1), März, 37-40.

LESLIE, J., SUMMERELL, B. (2006): The Fusarium Laboratory Manual. Iowa, USA: Blackwell Publishing Professional.

LFL (2010): Schlagspezifische Risikobeurteilung Fusarien, http://www.lfl.bayern.de/ips/warndienst/051901/index.php (Zugriff am 23. November 2014).

LFL (2013): Schimmelpilze und Mykotoxine in Futtermitteln - Vorkommen, Bewerten, Vermeiden, http://www.lfl.bayern.de/mam/cms07/ite/dateien/31386_schimmelpilze_u nd_mykotoxine_in_futtermitteln.pdf (Zugriff am 13. November 2014).

LOGRIECO, A., BOTTALICO A., MULÉ G., MORETTI A., PERRONE G. (2003): Epidemiology of toxigenic fungi and their associated mycotoxins for some Mediterranean crops. In: Xu X., Bailey J.A., Cooke, B.M. (Hrsg.) "Epidemiology of Mycotoxin Producing Fungi", Dodrecht: Kluwer Academic Publishers, 645-667.

LOGRIECO, A., MULÉ, G., MORETTI, A., BOTTALICO, A. (2002): Toxigenic Fusarium species and mycotoxins associated with maize ear rot in Europe. European Journal of Plant Pathology (108), 597-609.

LOGRIECO, A., VISCONTI, A. (2004): An Overview on Toxigenic Fungi and Mycotoxins in Europe. Dordrecht: Kluwer Academic Publishers.

LÜTKE ENTRUP, N., BREITSCHUH, T., MEßNER, H. (2011): Nachhaltigkeit landwirtschaftlicher Betriebe mit Maisanbau, //www.maiskomitee.de/web/upload/pdf/produktion/Nachhaltigkeitsstudie_ -_Langfassung-Okt_2011.pdf, (Zugriff am 26. August 2014).

MEIER, A. (2003): Zur Bedeutung von Umweltbedingungen und pflanzenbaulichen Maßnahmen auf den Fusarium-Befall und sie Mykotoxinbelastung von Weizen. Bonn: Dissertation, Rheinische Friedrich Wilhelms Universität Bonn.

MÜCKE, W., LEMMEN, C. (1999): Schimmelpilze. Landsberg: ecomed Verlagsgesellschaft.

MUNKVOLD, G. (2003): Epidemiology of Fusarium diseases and their mycotoxins in maize ears. In: Xu X., Bailey J.A., Cooke B.M. (Hrsg.)

"Epidemiology of Mycotoxin Producing Fungi" Dordrecht: Kluwer Academic Publisher, 705-713.

MUNKVOLD, G., DESJARDINS, A., (1997): Fumonisins in Maize - Can we Reduce Their Occurrence?. Plant Disease (Vol. 81 No. 6), Juni, 556-565.

OLDENBURG, E., BRUNNOTTE, J., WEINERT, J. (2009): Mit Mulchsaat mehr *Fusarium* bei Silomais? (36. Jg). Mais, Januar, 32-34.

OLDENBURG, E., ELLNER, F. (2011): Untersuchungen zur Pathogenese der Kolbenfusariose beim Mais. Journal of Kulturpflanzen 63.

OLDENBURG, E., HÖPPNER, F. (2003): Vorkommen von Fusariumtoxinen in Silomais - aktuelle Daten, Bewertung, Minimierung. 25. Mykotoxin-Workshop Giessen: Gesellschaft für Mykotoxinforschung.

OLDENBURG, E., HÖPPNER, F., WEINERT, J. (2006): *Fusarium*-Erkrankungen beim Mais. Mais (33.Jg), März, 1-4.

OLDENBURG, E., RODEMANN, B., SCHWAKE-ANDUSCHUS, C., MUENZING, K. (2011): Minimierungsstrategien für Mykotoxine bei Anbau, Ernte und Verarbeitung, https://openagrar.bmel-forschung.de/servlets/MCRFileNodeServlet/Document_derivate_000001 57/A1012.pdf (Zugriff am 16. Dezember 2014).

OLDENBURG, E., VALENTA, H., SATOR, C. (2000): Risikoabschätzung und Vermeidungsstrategien bei der Futtermittelerzeugung. In: Dänicke, S., Oldenburg, E. (Hrsg.) Landbauforschung Völkenrode Sonderheft 216. Braunschweig: Bundesforschungsanstalt für Landwirtschaft (FAL), 5-34.

PLACINTA, C., D´MELLO, J., MACDONALD, A. (1999): A review of worldwide contamination of cereal grains and animal feed with Fusarium mycotoxins. Animal Feed Science Technology 78, 21-37.

REISS, J. (1986): Schimmelpilze. Heidelberg: Springer Verlag.

SASS, M., SCHORLING, M., GROSSMANN, M., BÜTTNER, C. (2007): Artenspektrum und Befallshäufigkeit von *Fusarium spp.* in *Bt*- und konventionellem Mais im Maiszünsler-Befallsgebiet Oderbruch. Gesunde Pflanzen (59), 119-125.

SCHLÜTER, K., KROPF, U. (2006): Fusarium-Befall aus dem Boden?. Landwirtschaft ohne Pflug, Februar, 28-33.

SCHLÜTER, K., KROPF, U. (2010): Untersuchung zum Auftreten von Fusarium-Arten im Weizenanbau Schleswig Holsteins. Osterrönfeld: Abschlussbericht, Fachhochschule Kiel.

SCHRADER, S., WOLFRATH, F., OLDENBURG, E., BRUNOTTE, J. (2014): Förderung der Bodengesundheit. Forschungs Report (1/2014), Januar, 4-7.

SCIENTIFIC COOPERATION (2003): Collection of occurence data from Fusarium toxins in food and assessment of dietary intake by population of EU Member States. SCOOP TASK 3.2.10 (Hrsg.) Directorate-General Health and Consumer Protection (European Commission).

STATISTA (2014): Anteil führender Länder am weltweiten Export von Mais im Jahr 2011/2012, http://de.statista.com/statistik/daten/studie/239936/umfrage/anteil-fuehrender-laender-am-weltweiten-export-von-mais/ (Zugriff am 05. Januar 2015).

TOP AGRAR (2014): Mais: Mit Fungiziden den Ertrag absichern? (08/2014). top agrar, August, 65-69.

TRAIL, F. (2009): For Blighted Waves of Grain: Fusarium graminearum in Postgenomics Era. Plant Physiology Vol. 149, Januar, 103-110.

WOLFRATH, F., SCHRADER, S., OLDENBURG, E. (2013): Bodentiere fördern Mykotoxinabbau 9/10. Landwirtschaft ohne Pflug, Oktober, 32-36.

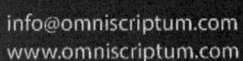